国家食品安全风险评估中心
高层次人才队伍建设 523 项目

葡萄酒加工工艺与质量安全

国家食品安全风险评估中心　编著

中国质量标准出版传媒有限公司
中 国 标 准 出 版 社
北 京

图书在版编目（CIP）数据

葡萄酒加工工艺与质量安全/国家食品安全风险
评估中心编著. —北京：中国质量标准出版传媒
有限公司，2020.6
ISBN 978-7-5026-4764-3

Ⅰ.①葡⋯　Ⅱ.①国⋯　Ⅲ.①葡萄酒—酿酒
②葡萄酒—食品安全　Ⅳ.①TS261.61

中国版本图书馆 CIP 数据核字（2020）第 061791 号

中国质量标准出版传媒有限公司
中国标准出版社
出版发行

北京市朝阳区和平里西街甲 2 号（100029）
北京市西城区三里河北街 16 号（100045）

网址：www.spc.net.cn

总编室：（010）68533533　发行中心：（010）51780238

读者服务部：（010）68523946

中国标准出版社秦皇岛印刷厂印刷

各地新华书店经销

*

开本 787×1092　1/16　印张 7　字数 139 千字
2020 年 6 月第一版　2020 年 6 月第一次印刷

*

定价：38.00 元

编委会

序

　　葡萄酒作为西方文明的标志，在人类历史中扮演着非常重要的角色。葡萄酒历史源远流长，一般分为旧世界葡萄酒和新世界葡萄酒。旧世界葡萄酒主要指法国、意大利、西班牙等有悠久历史的葡萄酒酿造国家酿造的葡萄酒，而新世界葡萄酒则主要指美国、加拿大、阿根廷、澳大利亚等新兴的葡萄酒酿造国家酿造的葡萄酒。中国的葡萄酒文化也有浓厚的历史积淀，早在《诗经》中就有关于葡萄酒的记载。

　　随着我国改革开放，越来越多的国外葡萄酒进入我国市场，导致消费者对于葡萄酒品质的要求越来越高，国产酒与进口酒的市场竞争日益激烈。在此背景下，做好葡萄酒的酿造工艺及质量安全研究，对建立我国葡萄酒产业诚信体系和葡萄酒品牌形象尤为重要。

　　本书内容丰富，包含酿酒葡萄来源、葡萄酒产地和品种、葡萄酒生产中质量安全控制、国内外葡萄酒标准等，为读者打开了葡萄酒世界纷繁精彩的大门，同时为科学指导葡萄酒生产和正确引导消费者提供参考依据。本书作者均为国内葡萄酒研发、生产、标准管理等领域的技术人员，在编写时注重体现了时效性、科学性和准确性。但葡萄酒的香气还需要亲自去品味，用鼻子和舌尖感受葡萄酒的韵味。愿每一杯葡萄酒都能为您带去味蕾上的享受和精神上的愉悦！

目　录

第一章

葡萄酒基本知识概述

第一节　葡萄酒分类

一、按酒的颜色分类

● 白葡萄酒：用白葡萄或皮红汁白的葡萄果汁发酵制成。酒的色泽从无色到金黄，有近似无色、微黄带绿、浅黄、禾秆黄色和金黄色等。

● 红葡萄酒：采用皮红肉白或皮肉皆红的葡萄带皮发酵而成。酒的颜色有紫红、深红、宝石红、红微带棕色和棕红色等。

● 桃红葡萄酒：用红葡萄或红、白葡萄混合，带皮或不带皮发酵制成。葡萄固体成分浸出少，颜色介于红、白葡萄酒之间，主要有桃红、淡玫瑰红和浅红色，颜色过深或过浅均不符合桃红葡萄酒的要求。

二、按糖含量分类

● 干葡萄酒：糖含量（以葡萄糖计）小于或等于4.0g/L的葡萄酒，或者当总糖与总酸（以酒石酸计）的差值小于或等于2.0g/L时，糖含量最高为9.0g/L的葡萄酒。

● 半干葡萄酒：糖含量为4.1~12.0g/L，或者当总糖与总酸（以酒石酸计）的差值小于或等于2.0g/L时，糖含量最高为18.0g/L的葡萄酒。

● 半甜葡萄酒：糖含量大于半干葡萄酒、最高为45.0g/L的葡萄酒。

● 甜葡萄酒：糖含量大于45.0g/L的葡萄酒。

三、按二氧化碳含量分类

● 平静葡萄酒：在20℃时二氧化碳压力小于0.05MPa的葡萄酒。

● 起泡酒和汽酒：含有一定量二氧化碳气体的葡萄酒，具体特点如下：

> 起泡葡萄酒：所含二氧化碳是用葡萄酒加糖再发酵产生的。在法国香槟地区生产的起泡酒叫香槟酒，在世界上享有盛名。其他地区生产的同类型产品按国际惯例不得叫香槟酒，一般叫起泡酒。

> 汽酒：用人工的方法添加二氧化碳的葡萄酒叫汽酒，这种酒可以让人具有清新、愉快、爽怡的感觉。

四、按酿造方法分类

● 天然葡萄酒：完全采用葡萄原料进行发酵，发酵过程中不添加糖和酒精，选用提高原料糖含量的方法来提高成品酒精含量及控制残余糖量。

● 加强葡萄酒：发酵成原酒后用添加白兰地或脱臭酒精的方法来提高酒精含量的葡萄酒，称为加强干葡萄酒；既加白兰地或酒精，又加糖以提高酒精含量和糖度的葡萄酒称为加强甜葡萄酒，我国通常命名为浓甜葡萄酒。

● 加香葡萄酒：采用葡萄原酒浸泡芳香植物，再经调配制成，属于开胃型葡萄酒，如味美思、丁香葡萄酒、桂花陈酒；或采用葡萄原酒浸泡药材，精心调配而成，属于滋补型葡萄酒，如人参葡萄酒。

第二节 国际著名酿酒葡萄品种及葡萄酒产区

一、国际著名酿酒葡萄品种

（一）霞多丽（Chardonnay）

霞多丽原产法国。酿酒葡萄果穗小、紧密，果粒小、圆形，金黄色，中早熟，适于在贫瘠的钙质泥沙土中栽培，而在肥沃的土壤上栽培可高产。霞多丽是优良的干白葡萄酒酿酒品种，用其酿出的葡萄酒香气优雅，果香浓郁，具甜瓜、无花果的香气，陈酿后可具奶油香气及蜜香。味醇和协调，回味幽雅，酒质极佳。该品种适应性强，在法国北部可用于生产高档干酒和著名的起泡葡萄酒（常用黑比诺及白山坡勾兑）；在最冷地区，表现为轻质、辛香及果味特征；在较冷地区，表现为酒体丰满，具有长时间陈酿潜力；在温暖地区，表现为高酒精度及浓重的果香特征。

（二）赤霞珠（Cabernet Sauvignon）

赤霞珠别名解百纳，欧亚种，原产法国，是世界各地广为栽培的酿酒良种。果穗中等大、圆锥形，果粒中等大、圆形，紫黑色，果粉厚，果皮中厚，肉软多汁。糖含量160~

200g/L，含酸量 6~8g/L，出汁率73%~80%，树势中等，产量较低至中等。抗霜霉病、白腐病和炭疽病的能力较强。由萌芽至果实充分成熟需要 140~150d，晚熟，成熟时单宁含量高，颜色深，具浓郁及复杂的香气。在不同栽培和酿造条件下，香气表现有所变化，可表现出黑莓、黑茶藨子的果香或薄荷、青菜、青叶、青豆、青椒、破碎的紫罗兰等气味或烟熏味。酿制的葡萄酒呈宝石红色，风味独特，口感协调醇和，酒质极佳，可陈酿。

（三）雷司令（Riesling）

雷司令原产德国。酿酒葡萄果穗小、紧密或极紧密，果粒中、近圆形，黄绿色，充分成熟时阳面浅褐色，果面有黑色斑点。由萌芽至果实充分成熟需要 140d 左右。在欧洲葡萄品种中抗寒性较强，但果皮薄，易感病。雷司令是酿制干葡萄酒的优良品种，其酿出的葡萄酒香气浓郁、清新、明快，具柑橘类果实的典型香气，醇和爽口，回味绵长。雷司令第一次出现于 1552 年出版的一本植物学书籍中，在该书中有这样一句话："雷司令生长于摩泽尔河、莱茵河畔，以及沃姆泽地区"。大约在雷司令这个名字出现 100 年之后，德国开始扩大雷司令的种植面积。1720 年，约翰内斯堡的天主教本笃会修道院的葡萄园里种植了 29.4 万株葡萄，其中雷司令的数量居第一。当时规定，在整个莱茵河域不允许种植除雷司令以外的酿酒葡萄品种。这个决定对后来的德国葡萄业影响深远。目前，全世界 65% 的雷司令种植于德国，主要分布于莱茵河与摩泽尔河流域，已经成为德国葡萄种植业的一面旗帜，对于德国葡萄酒的世界形象，起着举足轻重的作用，非任何其他葡萄品种可比。雷司令比较偏爱阴凉的气候，高纬度的德国为其提供了相当有利的条件，在这样的气候条件下，雷司令的成熟十分缓慢，一般在每年的 10 月中旬到 11 月底之间才开始摘收。正是由于漫长的成熟期造就了雷司令葡萄酒馥郁的香气，通常有桃子、杏、柑橘、蜂蜜等香味特色，口感细腻舒顺。用雷司令葡萄可以依据气候特点酿造不同类型的酒，如干葡萄酒、甜葡萄酒、冰葡萄酒等。

（四）意斯林（Italian Piesling）

意斯林原产意大利。酿酒葡萄果穗小、紧密或极紧密，果粒中、圆形，黄绿色，阳面黄褐色，果面有黑色斑点，果皮薄，晚熟，适应性强，较抗寒，抗病力中等，幼叶、嫩梢对黑痘病抗性较弱，湿度过大时易感炭疽病。从萌芽到果实完全成熟需要 140~155d，产量中等至较高。意斯林酿造出的白葡萄酒清香爽口、丰满完整、回味绵延、酒质优，其也是酿造起泡葡萄酒和白兰地的优质原料。

（五）琼瑶浆（Gewurztraminer）

琼瑶浆是中欧（德国南部、奥地利及意大利北部）的古老品种。酿酒葡萄果穗中、紧密，果粒小、近圆形，粉红至紫红色，皮中等厚，果肉多汁，味甜。从萌芽到果实完全成熟大约需要 140d，中晚熟品种。抗病力较强，风土适应性良好。果实有黄色及粉红色两个品种，生产以粉红色果穗较多。琼瑶浆为优良的酿造白葡萄酒品种，所酿酒果香味浓郁，具荔枝、薰衣草、玫瑰香味及辛香味，酒质极佳，但产量较低。

（六）桑娇维赛（Sangiovese）

桑娇维赛原产意大利。桑娇维赛这个词的发音很好听，读起来也很顺畅，当念出桑娇维赛这个词的时候，从舌尖流淌出来的音节就像喝一款舒顺的葡萄酒一样流畅，听起来也是那么浪漫，充满激情。根据文献记载，桑娇维赛葡萄最早可追溯到古罗马时期，它的名字来源于拉丁语的"Sanguis Jovis"，有"朱庇特神之血"之意。1590年，Ciriegiulo第一个用文字形式描述桑娇维赛。他描述到这种葡萄可以酿制非常优质的葡萄酒，但是如果酿酒师不够仔细，酿出的葡萄酒很容易酸败变成醋。到了18世纪，桑娇维赛在托斯卡纳地区得到了广泛关注，和玛尔维萨、特雷比奥罗一起成为种植比较广泛的葡萄品种。发展到今天，桑娇维赛成为意大利种植最为广泛的酿制红葡萄酒的葡萄品种之一，它和Nebbiolo葡萄一起被称作意大利的两大贵族葡萄。用桑娇维赛酿制的红葡萄酒被称为是典型的意大利之子，浓郁的香气中带有肉桂、黑胡椒、李子和黑樱桃的气味，以及新鲜饱满的泥土芬芳，新鲜的酒有时还会展现一丝花的香气。

（七）西拉（Shiraz）

西拉原产澳大利亚。"西拉"的法语名称为"Syrah"，英语称其为"Shiraz"，在澳大利亚是以英语相称的。西拉是一个古老的酿酒葡萄品种，虽然世界上有较大比例的西拉种植于法国，但在澳大利亚却有突出的表现，是其标志性的酿酒葡萄品种。西拉喜欢温暖、干燥的气候，以及富含砾石、通透性好的土壤，其酿造的葡萄酒单宁突出，适宜于陈酿，且酒体结构紧实，抗氧化能力强，具有甜樱桃、李子等果香，还伴有咖啡、巧克力等的香气。采用西拉酿造的葡萄酒类型丰富多样，适宜搭配的菜品也比较多。

（八）品诺塔基（Pinotage）

品诺塔基原产南非。培育出这个品种的是南非一位叫阿布拉罕·伊扎克·贝霍尔德的人，他于1925年以黑品诺为父本、神索为母本杂交培育而成。由于神索在南非被称为"Hermitage"，所以得名品诺塔基。它兼容了黑品诺丰富而细腻的果香和神索易栽培、高产量、抗病性好的特点，在当地被广泛推广。品诺塔基在新西兰也有种植，但没有南非广泛。品诺塔基酿制的葡萄酒具有新鲜而浓郁的果香，而且毫不掩饰地表现出奔放的香气，口感柔和，略带一点甜味，是十分容易被消费者接受的葡萄酒。

（九）马尔贝克（Malbec）

马尔贝克原产于法国，后传到阿根廷。19世纪60年代的葡萄根瘤蚜虫灾使法国乃至整个欧洲的葡萄园遭到毁灭性的破坏，而移至"新大陆"的马尔贝克不仅躲过了这场灾难，而且阿根廷的独特气候使马尔贝克的优秀品质得到了更好的发扬光大。南美的主要山脉——安第斯山脉隔挡了来自太平洋的水汽，使得阿根廷的葡萄酒产区非常干燥，光照充足。用马尔贝克酿制的葡萄酒通常具有紫罗兰、黑莓、李子、樱桃、香草和松露的香气，经过陈酿会呈现黑胡椒、巧克力、咖啡和烟草的深邃味道，其酒体具有赤霞珠那种挺拔高大的结构，又有圆润丰满的韵致。

二、国际著名葡萄酒产区

世界上的葡萄园基本上都位于南北纬30°~50°地区，在这个纬度内，葡萄园拥有适宜的种植环境。

（一）意大利

意大利是世界最大的葡萄酒生产国。出口量与法国并列前茅，产地面积仅次于西班牙，也是世界上最早的酿酒国家之一。葡萄品种的古老、复杂和繁多以及冗长的酒厂和酒的名字都对其推广产生不利影响。近20年来，大量新派酿酒师引进其他国家的葡萄品种，并大量减产以提升质量，同时用小法国橡木桶替换大型旧木槽来酿酒。诸多的改革措施如今已取得实际成效，加上每年的大型葡萄酒展会，使得意大利酒名声大振。

- 塔斯坎尼

塔斯坎尼不仅是世界上最浪漫的风景区，也是最浪漫的葡萄酒产地，1万多公顷（1ha =0.01km²）的葡萄园绵延在橄榄树之间和古老的农庄之间。当地的Chianti是意大利名酒，也是世界名酒。以美景、美酒、美味而言，意大利的Tuscany和法国的Loire Valley最为著名。

（二）法国

法国葡萄酒的品质和名气堪称经典，无论从文化、历史，还是质量上，葡萄酒爱好者都会公认独占鳌头的始终是法国酒。那些售价不菲、被投资家追捧的世界名酒大部分产自法国的列级名庄。法国拥有2000年历史的酿酒工艺，其2/3的地区都生产葡萄酒，产量仅次于意大利。

法国拥有世界上著名的11大葡萄酒产区，这些产区由于葡萄品种、气候条件及地域文化不同而各有特色，包括波尔多、勃艮第、博若莱、罗纳河谷、普罗旺斯、香槟、鲁西荣、卢瓦尔河谷、萨瓦、阿尔萨斯、西南地区。

- 勃艮第

全世界最贵的葡萄酒酒庄所在地，该产区只种植黑皮诺和夏多内两个葡萄品种。全世界只有这个产区的气泡酒才能被称作香槟。

- 卢瓦尔河谷

卢瓦尔河谷是法国第二大产区，气候温和的卢瓦尔产区能够让葡萄酒的酸度和香气展现得淋漓尽致。该产区使用100%品丽珠酿制葡萄酒，这在其他产区很少见。目前，卢瓦尔河谷的酒在法国和英国的餐厅销量最好。法国以前的国王都只喝卢瓦尔的酒，卢瓦尔被誉为"法国花园"。

（三）德国

德国葡萄酒生产量大约是法国的 1/10，约占全世界生产量的 3%。德国葡萄酒中大约 85% 是白葡萄酒，其余的 15% 是玫瑰红葡萄酒、红葡萄酒及气泡酒。德国白葡萄酒有芳香的果味及清爽的甜味，酒精度低，特别适合不太能饮酒的人。不同的葡萄酒各有特色，著名产区主要为莱茵河及其支流莫塞尔河地区。莫塞尔酒的酒瓶是绿色的，而莱茵酒的酒瓶是茶色的。莱茵酒的口味较浓郁。德国是雷司令的故乡，这种葡萄酿出的酒酒香馥郁，口感清爽。

（四）西班牙

西班牙葡萄种植面积居世界第一，产酒量仅次于意大利和法国。全国各地几乎都生产葡萄酒，以里奥哈、安达鲁西亚、加泰罗尼亚三地最为有名。靠近首都马德里的拉曼恰生产的葡萄酒，几乎占西班牙所有产量的一半。以有气泡的雪莉酒、里奥哈酒和起泡卡瓦酒最为著名，以酿造香槟的方式酿成的加霸酒，也是众所皆知的。里奥哈红葡萄酒品质堪比法国葡萄酒，但价格却相当公道。

- 安达鲁西亚

安达鲁西亚位于西班牙南部，是世界上葡萄种植面积最大的地区，酿酒业从 15 世纪开始，著名的是味道甘甜、淡琥珀色的雪利酒。

（五）南非

南非有 300 多年的葡萄酒酿造历史，而且由于葡萄种植季节较早，新酒上架的时间要比欧洲早 6 个月。

- 开普

开普离南非首都开普顿只有 45min 的路程，面积虽然只有 417 平方英里（1 平方英里 ≈ 2.59km^2），却是世界上葡萄酒产量第三大的地区，也是南半球最大的葡萄酒产区。

（六）澳洲

澳洲是新世界葡萄酒代表国之一。不论是气候条件还是土壤条件，澳洲都很适合栽种葡萄。从 1788 年最早一批移民到澳洲，即开始酿造葡萄酒。在英殖民地时期，主要生产的是雪莉和波特。1950 年以后，则以无气泡葡萄酒为主。澳洲葡萄酒的酿制过程管理是世界上最严格的。澳洲葡萄酒的另一个特色是混合两种或两种以上的葡萄品种来酿酒，从而创造出一种完全属于澳洲的风味，最常见的就是品丽珠和西拉葡萄品种的混合。气候温暖，日照充足，传统的酿造工艺和现代化的酿酒设备，加上稳定的气候条件，使得澳洲葡萄酒品种很稳定。由于位处南半球，所以每年 5 月左右便可以喝到新酒，可以说是全世界每年最早上市的新酒。

- 猎人谷

猎人谷位于澳大利亚首都堪培拉以北 2h 路程的地方，是澳大利亚葡萄酒业的起源地。

60 多个葡萄园让这个地区的景色与澳大利亚的粗犷风光迥然不同。

（七）阿根廷

阿根廷受西班牙和意大利影响深远，较有规模的葡萄园和酒厂均由两国的移民后裔创建而成。全国 40% 的葡萄园地种植阿根廷的白葡萄 Torrontes，与马柏共占总种植面积的 40%。著名产区有 San Juan、La Rioja、Rio Negro 和 Salt，最主要的是 Mendoza 省，占全国总产量的 60%。其中 High Rio Mendoza Zone 集聚了近 400 家酒厂，葡萄种植面积 3 万 ha。

- 门多扎

和其他葡萄酒产区不同，门多扎位于雪山下，既是滑雪胜地，也是游览胜地，景色壮观而丰饶。因为在南半球，葡萄丰收的季节始于 1 月份。

（八）美国

美国是新兴葡萄酒大国。最早酿酒始于 16 世纪中叶，经过近 30 年的快速发展，已成为优良葡萄酒的生产国。美国葡萄酒品种繁多，包含从日常餐酒到世界顶级酒庄所产的 Opus One 葡萄酒。

- 纳帕山谷

美国最大的葡萄种植地区和葡萄酒产地，约 30 英里（1 英里≈1.61km）长、几英里宽。最早的葡萄园建于 1886 年，晚于意大利和法国。然而纳帕山谷的葡萄酒种类繁多，从家庭或小作坊到大托拉斯酒厂，生产的葡萄酒各种各样，享誉世界。

- 威拉麦狄谷

权威性杂志把这个葡萄酒产区列为世界第七大葡萄酒产地。威拉麦狄谷北起俄勒冈州首府波特兰到尤金，共 100 多英里，生产 40 多种葡萄酒。风光旖旎，堪比加州的纳帕山谷。

第三节　我国主要酿酒葡萄品种及产区

一、我国主要酿酒葡萄品种

在我国，除了一些常见的国际葡萄品种，如赤霞珠（目前在我国栽培面积最大的红葡萄品种）、梅洛、霞多丽等，还有一些非常适合我国土壤的非国际葡萄品种，如蛇龙珠、龙眼、贵人香及山葡萄等。

（一）蛇龙珠（Cabernet Gernischt）

蛇龙珠是卡本内家族中的一员，它与赤霞珠、品丽珠是姊妹品种。该品种呈紫黑色，皮厚且表面有较厚的果粉，味甜多汁。蛇龙珠酿出的葡萄酒，酒液呈深宝石红色，澄清度高，散发着浓郁的酒香、和谐的醇香与橡木香，口感醇厚，酒体丰满。

（二）龙眼葡萄（Longyan 或 Dragon Eye）

龙眼曾经是我国独有的葡萄品种，为我国古老而著名的晚熟酿酒葡萄，既可用来食用，也可用来酿造葡萄酒。龙眼葡萄果粒呈紫红色或深玫瑰红色，皮薄且透明，外观美丽，果汁糖分高，浓度大，风格颇似琼瑶浆。龙眼葡萄酒颜色微黄带绿，并具有新鲜悦怡的果香，口感醇和柔顺，酒体丰满，酸爽怡人。

（三）贵人香

贵人香的另一个常见译名是威尔士雷司令或意大利雷司令，属于欧亚种，原产意大利，于1982年引入我国。

用贵人香酿制的白葡萄酒呈禾秆黄色，澄清发亮，散发着怡人的果香和酒香，柔和爽口，丰满完整，酸涩恰当，回味深长。贵人香是酿制优质白葡萄酒的良种，也是酿制起泡葡萄酒、白兰地的重要葡萄品种。

（四）山葡萄（Vitis Amurensis Rupr）

山葡萄原产于我国东北地区，主要分布在东北三省及内蒙古东北部地区，作为食用葡萄时，它含有丰富的维生素，酸甜可口；作为酿酒葡萄时，它在降酸工艺处理后，可以酿成非常适合国人口味的甜型山葡萄酒。许多用山葡萄酿制的葡萄酒都呈艳丽的红色，风味品质甚佳，单宁、多酚类物质含量也很高。

（五）烟74

欧亚种，原产我国。1966年由烟台张裕葡萄酒公司用紫北塞和汉合麝香杂交育成，1981年定名。果穗中、单歧肩圆锥形，果粒中、椭圆形，紫黑色，肉软，汁深紫红色，无香味。浆果糖含量160～180g/L，含酸量6～7.5g/L，出汁率70%。植株生长势强，芽眼萌发率高，结实力中，产量中至高，幼树开始结果较晚，适应性与抗病力均强，适于棚、篱架栽培，长、中、短梢修剪。从萌芽至果实成熟需要120～125d，活动积温2800～2900℃。该品种是优良的调色品种，颜色深而鲜艳，长期陈酿后不易沉淀。栽培性状良好，所酿之酒浓紫黑色，色素极浓，果香、酒香清淡，味纯正，是当前推广的重要调色良种。

（六）红汁露

欧亚种，原产我国。1957年由山东省酿酒葡萄科学研究所用梅鹿辄和味儿多杂交育成，1979年定名。果穗中、圆锥形，果粒着生中等紧密、圆形，紫黑色，肉软，汁深红紫色，无香味。糖含量180～200g/L，含酸量6～8.59g/L，出汁率65%～70%。植株生长势中，芽眼萌发率高，结实力强，产量高，抗病力与抗逆性较强，适于立架栽培，中、短梢修剪。从萌芽至果实成熟需要130d左右，活动积温2900～3000℃。所酿之酒深宝石红色，味醇厚纯正，陈酿后色素不易产生沉淀，后味正。

二、我国主要葡萄酒产区

（一）山东产区

山东烟台市葡萄栽培总面积28.8万亩（1 亩 ≈ 667m²），产量30.4万t，以酿酒葡萄为主，占总栽培面积的80%。烟台市葡萄栽培主要集中于蓬莱市和龙口市，两市葡萄栽培面积12.9万亩，其次为招远市和莱州市。

山东栽植的葡萄共有70多个品种和品系，其中酿酒品种占2/3，其中主栽红品种有赤霞珠、蛇龙珠、梅鹿辄、佳丽酿、法国兰、黑比诺、佳美、品丽珠等；主栽白品种有白诗南、白玉霓、意斯林（贵人香）、霞多丽、雷司令、长相思、赛美蓉等；染色品种有烟73、烟74等。

（二）河北产区

河北是葡萄酒产量和产值仅次于山东的重要产区，是我国第一款干白和干红葡萄酒诞生的地方。虽然河北属于沿海省份，但大部分葡萄酒产区都偏向更适宜种植葡萄的大陆性气候，主要原因是燕山阻隔了东南方向的部分湿润水汽。不过，河北的夏季降雨对葡萄种植来说仍然过多，酒农们需要谨慎预防真菌病害。河北有两大主要产区，一个是位于沿海地带的昌黎，当地地势平缓，气候温暖湿润；另一个是位于首都北京西北方的怀来，当地地形起伏较大，葡萄园海拔多在1000m以上，气候凉爽，夏季相对干燥，光照充足，风土条件优越。

河北栽植的主要葡萄品种为赤霞珠、龙眼、梅洛、霞多丽等。

（三）宁夏产区

宁夏位于我国西北内陆，气候为半干旱大陆性气候，贺兰山东麓位于北纬37°~39°，是种植葡萄的最佳地带，海拔1000~1500m适合葡萄生长，阳光充足，全年日照达3000h，年降雨量不超过200mm。昼夜温差大，北面的贺兰山能阻隔西伯利亚南下的冷空气，避免了春季霜冻的危害。不过，少雨型气候意味着宁夏必须通过灌溉为葡萄提供水分，寒冷的秋冬季则需要掩埋葡萄藤来防寒。贺兰山东麓的日照、土壤、水分、海拔和纬度都有利于种植葡萄，所生产的葡萄酒香气浓郁、纯正，口感圆润协调。

宁夏栽植的主要葡萄品种为赤霞珠、梅洛、蛇龙珠、霞多丽、贵人香和雷司令等。

（四）河南产区

河南省民权县葡萄园面积曾达到6万多亩，产量达3.5万t，让20万户农民脱贫致富。产区内的民权葡萄酒厂曾是我国4大葡萄酒厂之一，民权县也曾是我国6大葡萄基地县之一。

该地区种植葡萄品种有玫瑰香、佳利酿、白羽、龙眼、黑赛必尔、瓶儿、晚红蜜、法国兰、烟74、贵人香、雷司令、灰品乐、黑品乐和蛇龙珠等。

（五）东北产区

近年来，东北地区的葡萄酒生产有了一定的发展，随着葡萄酒企业的不断发展壮大，东北地区的山葡萄栽培面积也在逐年增加，经济效益显著，已成为当地振兴农村经济的支柱产业。据不完全统计，吉林山葡萄栽培面积已经超过 8 万亩，主要集中在吉林通化，酿酒葡萄种植面积发展到 5 万亩，仅集安市葡萄栽培面积就达到 2.1 万亩，总生产能力达到 15 万 t。黑龙江葡萄栽培面积约 1.6 万亩，辽宁葡萄栽培面积约 3 万亩。这几个产地的山葡萄均以双红、双优和公酿一号为主，新品种左优红也开始大面积栽培。

（六）天津产区

天津地区的葡萄基地分布在天津蓟县、汉沽等渤海湾半湿润区，滨海气候有利于色泽及香气形成，玫瑰香品质尤为突出。这里的土质为稍黏重的滨海盐碱土壤，矿质营养丰富，同样有利于香气形成和色泽形成。蓟县东部山区及河北的遵化、迁西、兴隆山区气温偏低，晚熟及极晚熟品种成熟期较平原地区推迟 10d 左右，光照充足，土壤多为富含砾石、钙质、透气良好的壤土或沙壤土，是生产优质干红、干白葡萄品种的良好基地。

天津地区栽植的葡萄品种多为赤霞珠、梅鹿辄、品丽珠、贵人香、霞多丽、白玉霓和玫瑰香等酿造红、白干葡萄酒的名种。

（七）新疆产区

新疆葡萄主要栽培区为吐鲁番、和田、哈密、昌吉、伊犁、喀什和克州等地，葡萄总面积为 11 万公顷。新疆的气候属温带大陆性气候，降水稀少，日照强烈，昼夜温差较大，遍布的高山，尤其是天山山脉的冰雪融水提供了充足的水源，造就了新疆风味浓郁饱满、极具平衡感的酿酒葡萄。天山北麓产区多为冲积平原或洪积平原，由南向北逐步倾斜，平坦开阔，地形起伏小，坡度较大，海拔在 1200m 以下。成土母质以冲积物为主，含有砾石、沙粒，粒径较细，土质疏松，通水透气性能强，有利于葡萄根系的生长发育。土壤类型为棕漠土、灰漠土或潮土，富含钙质，土层深厚，有机质含量 0.2%~0.8%。

新疆栽植的葡萄品种多为赤霞珠、品丽珠、蛇龙珠、美乐、佳美、西拉、法国兰、黑皮诺、晚红蜜、霞多丽、雷司令、贵人香、白皮诺、白诗南和白玉霓等，是酿造红、白干葡萄酒的名种。

第四节　我国葡萄酒的产销特点及发展趋势

葡萄酒行业是我国酿酒行业的重要组成部分。我国葡萄种植与葡萄酿酒历史悠久，但发展缓慢，近代葡萄酒工业的发展主要是受到西方国家的影响。新中国成立后，我国葡萄酒工业真正实现了跨越式发展，进入 21 世纪以来，我国葡萄酒产业发展迅速，共有 26 个省份生产葡萄酒，其中以东北、天津、云南等产区产量较大。截至目前，我国葡萄酒生产企业已超过 800 家，但一般年产量普遍在 2000t 左右，超过 5000t 的企业还较少。

2010 年，我国葡萄酒产量突破 10 亿 L 后，酿酒行业整体进入深度调整期，葡萄酒行业发展增速下降，至 2016 年，产量略微提升至 11.3 亿 L，规模以上企业销售收入 484.54 亿元，同比微增 3.97%，行业亏损额呈加大趋势，整个行业处于底部徘徊阶段。

在行业进入调整期后，市场销售呈现出分化的特点。一些企业销售回升，甚至销售有大幅增长；另一些企业仍面临较大的压力，大量库存积压。而市场销售产品结构也随之发生了改变，高端产品销售下降，中低端产品销售逐步上升。葡萄酒主要消费市场如东部沿海的上海、广东、浙江、福建及北京等相对稳定。中西部地区的成都、重庆、西安及东北等地增长较快，总体的市场消费量呈上升趋势。国内产量小幅下降的同时，进口葡萄酒量保持了较大幅增长，对国产葡萄酒市场的冲击影响很大。在进口葡萄酒量增长的同时，国产葡萄酒的品质和产能也在不断地提升和扩大。就整体而言，我国的葡萄酒产业，跟新世界（以美国为代表）、旧世界（以法国为代表）的葡萄酒产业相比，依然存在差距。

我国葡萄酒行业产销主要呈现以下特点：

● 大中型企业为主，小型企业增长迅速

我国葡萄酒行业小型企业增长迅猛，大中型企业数量占行业总数 10% 左右，其余 90% 均为小型企业，但大中型企业完成销售收入占行业比重 50% 以上，实现利润总额占行业比重 60% 以上。尽管如此，大中型企业发展仍处于瓶颈期，近年来的销售收入、利润总额的年均增长率均不尽如人意，而小型企业虽然在个体优势上不明显，但整体增长速度表现较好。

● 私人控股企业比重大，国有控股企业效益高

葡萄酒行业以私人控股企业为主，所占比例为 80% 左右，国有控股比例仅占 6.5%，但从销售收入和利润总额比重来看，国有控股企业占 40%。

● 产区产业集群发展初具规模，东西部原料优势不断融合

通过政府机构和民间联合组织，组织产区内企业形成互通有无、协助工作、组团宣传的集群发展模式，多个产区已经初具规模，这一发展模式正逐步得到广泛应用。同时，由于多数葡萄酒骨干企业集中在东部地区，消费市场也主要集中在东南沿海和一、二线城市，西部地区则由于高品质的葡萄原料而愈发得到重视，随着我国葡萄酒市场的成熟，东西部之间的这种优势互补型的融合趋势将日益明显。

● 进口葡萄酒市场发展势头迅猛

近年来，随着消费升级和人口因素，进口葡萄酒市场日渐火爆，消费量不断攀升。据统计，2016 年，我国进口葡萄酒总量达 6.38 亿 L，总额高达 23.64 亿美元，同比 2014 年分别增长 15% 和 16.3%。其中，瓶装葡萄酒为主要进口类型，占总进口量的 92.8%。2016 年，

我国进口 4.81 亿 L 瓶装葡萄酒，价值为 21.94 亿美元。相比 2015 年，瓶装葡萄酒进口总价值增长 17.2%，但每升葡萄酒均价下跌至 4.56 美元，下跌 3.8%。主要进口来源国家包括法国、澳大利亚、智利、西班牙、意大利、美国、南美、阿根廷、新西兰和葡萄牙，其中法国葡萄酒进口量占总量的 44%。

- 原料基地受到重视，国际化视角明显

葡萄酒行业历来盛行一句话，即"七分原料、三分工艺"，由此可见原料对于葡萄酒产业发展的重要性。近些年，随着葡萄酒消费量的迅猛增长，原料越来越成为制约行业发展的瓶颈，葡萄酒企业对酿酒葡萄原料基地的建设日益重视。2010 年，西北地区成为国内葡萄酒生产企业原料基地布局的首选之地，例如张裕公司在新疆、宁夏和陕西建设了三大酒庄。除此之外，不少具有实力的大企业还将原料基地布局延伸到海外，对国外葡萄酒厂进行收购或者参股，包括 2010 年底中粮集团收购智利十大名庄之一的比斯克特酒庄；2011 年初长城葡萄酒收购法国波尔多地区的雷沃堡酒庄；2012 年 3 月，民营资本宁夏红集团成功收购波尔多地区 Grand mouys 酒庄等。另据了解，截至 2011 年 12 月，约有 15 家波尔多酒庄为中国人拥有，据称美国纳帕谷 12 大酒庄已被中国投资客抢购了 1/4。另外，葡萄酒销售模式也在悄然发生着变化，2012 年，上海光明食品集团控股了法国著名葡萄酒经销商 DIVA 波尔多葡萄酒公司，建立起国际销售网络。

随着葡萄酒市场的进一步扩大，国产葡萄酒要想在市场扩大中做到同步增长，甚至分享到更多的市场份额，关键是要在转变理念、不断提升产品质量的同时，注重品牌建设并加大市场推广。其中如何提高消费者对品牌的辨识度及选择的概率，是需要考虑的关键，品牌建设对企业将起到越来越重要的作用。市场推广方面，消费者才是真正的终端，应加强与消费者的沟通、互动。国产葡萄酒的出路也恰在于此。

第二章

葡萄酒的酿造工艺

第一节 葡萄酒酿造工艺概述

在葡萄酒的酿造过程中，由于葡萄酒类型的不同，其工艺流程也有所差异，但仍存在着一些共同的环节，主要有以下几方面。

一、分选

葡萄分选的目的是为了剔除混入的其他品种、生青粒、泥沙果、病烂果以及枝叶、石子、剪刀、铁丝等杂物，以提高葡萄品种纯度、原料成熟度和卫生状况，酿造不同等级的葡萄酒，并保证酿造设备的安全运转。

葡萄分选是提高葡萄酒质量的一个重要环节。对葡萄酒的质量要求越高，对葡萄的分选要求就越严格。

二、除梗、破碎、压榨

除梗是将葡萄浆果与果梗分开并将后者除去。在葡萄酒酿造过程中，应该进行除梗，可以部分除梗，也可以全部除梗。如果生产优质、柔和的葡萄酒，应全部除梗。

破碎是将葡萄浆果压破，使果汁流出。在破碎过程中，应尽量避免撕碎果皮、压碎种子和碾碎果梗，以降低杂质（葡萄汁中的悬浮物）的含量。在酿造白葡萄酒时，还应避免果汁与皮渣接触时间过长。

压榨是将存于皮渣中的果肉或葡萄通过机械压力而压出汁来，使皮渣部分变干。在对原料进行预处理后，应尽快压榨。在压榨过程中，应尽量避免压出果皮、果梗和种子本身的构成物质，目前多采用压力较柔和的气囊压榨机。生产红葡萄酒时，压榨是对发酵后的皮渣进行的，即先发酵后压榨；生产白葡萄酒时，压榨是对新鲜葡萄进行的，即先压榨后发酵。

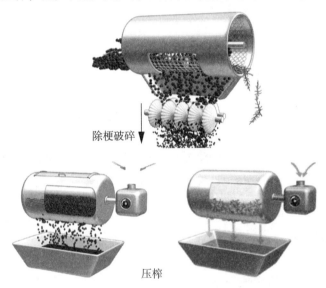

除梗破碎

压榨

三、浸渍

（一）冷浸渍

冷浸渍工艺指在葡萄破碎后进行短暂低温浸皮，提取果皮中的香味前体物质，特别是萜烯类物质，然后分离葡萄汁进行发酵的工艺方法。冷浸工艺可以提高葡萄酒的质量，特别是使一些白葡萄酒更具有自己独特的风味，其方法是尽快将破碎后的原料温度降到10℃以下，以防止氧化酶的活动，然后在5~10℃浸渍10~20h，使果皮中的芳香物质进入葡萄酒，但酚类物质的溶解会受到限制。浸渍结束后，分离自流汁，用二氧化硫进行处理，升温到15℃左右，澄清，添加优选酵母进行发酵。

（二）热浸渍

热浸渍酿造法是在酒精发酵前将红葡萄原料加热（通常超过70℃）浸渍，得到红葡萄汁，然后进行酒精发酵，即先浸渍再发酵。

（三）二氧化碳浸渍

二氧化碳浸渍酿造法是把整穗葡萄放在充满二氧化碳的容器中进行发酵的方法。二氧化碳浸渍酿造法包括两种发酵现象。首先将整粒完好的葡萄浆果放在充满二氧化碳气体的密闭容器中，使葡萄细胞进行厌氧代谢，即在葡萄浆果酶系统作用下的"细胞内发酵"以及其他物质的转化，并进行单宁色素的浸提，这就是二氧化碳浸渍阶段；然后，经压榨获得的葡萄汁的发酵，则是在酵母菌作用下的酒精发酵，即酒精发酵阶段。二氧化碳浸渍酿造法不仅适用于红葡萄酒、桃红葡萄酒，而且也适用于原料酸度较高的白葡萄酒的酿造。

四、发酵

（一）酒精发酵

将葡萄汁中的糖分转化为乙醇、二氧化碳的过程称为酒精发酵，通常分为两类：一是自然发酵，即利用葡萄表面或环境中酵母菌进行发酵；二是添加酵母发酵，即添加人工选育的酵母或商品化的活性干酵母进行发酵。对于红葡萄酒来说，发酵温度一般控制在 20～32℃，较高的温度有利于颜色和单宁的浸出。白葡萄酒的发酵温度一般比红葡萄酒的发酵温度低，通常在12～22℃，较低的发酵温度有利于保留葡萄本身的果香，避免挥发性物质的损失。当葡萄酒的发酵温度低于5℃或超过35℃时，发酵就会中止。

（二）苹果酸－乳酸发酵

苹果酸－乳酸发酵是在葡萄酒酒精发酵结束后，在乳酸细菌的作用下，将苹果酸分解为乳酸和二氧化碳的过程。这一发酵过程使新酿制葡萄酒的酸涩感与粗糙感等消失，变得柔和圆润，从而提高葡萄酒的质量。经过苹果酸－乳酸发酵后的红葡萄酒，酸度降低，果香、醇香加浓，具柔软、有皮肉和肥硕等特点，生物稳定性高。苹果酸－乳酸发酵是优质干红葡萄酒、少数酒体丰满的白葡萄酒、高酸果香型酒、起泡葡萄酒基酒酿造过程中不可缺少的二次发酵过程，是名副其实的生物降酸过程。

五、澄清与过滤

原酒澄清是葡萄酒贮存过程中形成酒体风格的一个重要过程，下胶澄清处理也是现代葡萄酒工艺的一个关键控制点。

（一）下胶

下胶指在葡萄酒中加入亲水胶体，使之与酒中的胶体物质如单宁、蛋白质、金属复合物、某些色素以及果胶质等发生絮凝反应，并将这些物质除去，使葡萄酒澄清稳定。

由于红葡萄酒中含有较多的单宁，有利于下胶物质的沉淀，而且所使用的下胶物质对感

葡萄酒加工工艺与质量安全

官质量的影响较小，因此，红葡萄酒的下胶较为容易，大多数下胶物质都可使用，尤以明胶为好。白葡萄酒的下胶较难，必须在下胶以前进行试验，以决定下胶物质及其用量，常用的下胶物质有酪蛋白、鱼胶或蛋白类胶，且应与矿物质结合使用，以避免下胶过量。

（二）过滤

葡萄酒过滤是利用某种多孔介质对含有悬浮物达不到澄清透明程度的葡萄酒液进行分离的操作。在外力作用下，悬浮浑浊的葡萄酒通过介质的孔道流出，固体颗粒被截留，从而实现液体和固体颗粒的分离，使葡萄酒液澄清透明。

六、陈酿

葡萄酒在促进其品质改善的条件下贮存的过程，称为陈酿，通常指葡萄酒的橡木桶贮藏和瓶贮的过程。陈酿的目的是使发酵刚结束的原本生硬粗糙的葡萄酒，通过适当的氧化还原反应，以及有目的地增加一些对酒体有益的风味物质，使葡萄酒获得最佳的香气和口感，也使生葡萄酒的潜在质量在其成熟过程中逐渐显现出来。

第二节　红葡萄酒的酿造工艺

红葡萄酒的生产工艺如下图所示。

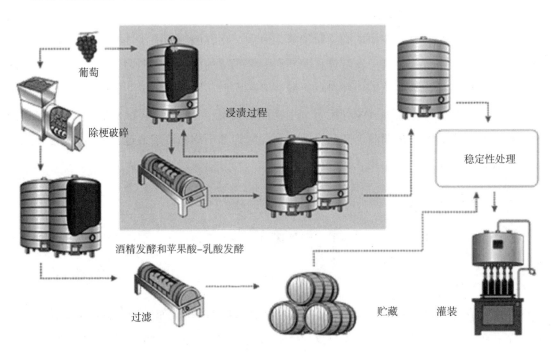

红葡萄酒发酵主要是浸渍发酵，即在红葡萄酒的发酵过程中，酒精发酵作用和固体物质的浸渍作用同时存在，前者将糖转化为酒精，后者将固体物质中的单宁、色素等酚类物质溶解在葡萄酒中。

　　● 除梗破碎：葡萄—振动筛选台除掉杂质和小青粒—移动提升架—除梗破碎机除去果梗并破碎—集汁槽及果浆泵将破碎后果浆收集输送到发酵罐。

　　● 装罐：在葡萄破碎除梗后泵入发酵罐后立即进行，并且边装罐边加二氧化硫，装罐后进行一次倒灌，使二氧化硫与发酵基质均匀混合。添加量视葡萄的卫生状况而定，一般为50~80mg/L。

　　果胶酶可以分解作用于葡萄皮，促进色素、香气和单宁等物质的浸渍。虽然二氧化硫对果胶酶作用较少，但仍要避免同时添加。一般添加量为20~40mg/L。

　　● 添加酵母：将干酵母按1:（10~20）的比例投放于36~38℃的温水中复水15~20min，或在2%~4%的糖水中复水活化30~90min，制成酵母乳液，即可添加到醪料中进行发酵。酵母添加后要进行一次循环，以使酵母和发酵醪混合均匀。

　　● 发酵：对发酵温度进行监控，控制发酵温度在25~30℃，每隔4~6h测定相对密度，连同温度记入葡萄酒原酒发酵记录表（28~30℃有利于酿造单宁含量高、需较长陈酿时间的葡萄酒，而25~27℃则适宜于酿造果香味浓、单宁含量相对较低的新鲜葡萄酒）。发酵开始的标志：形成"帽"，发酵基质温度上升。如果原料的质量不好，但还要达到一定的酒度，发酵进入旺盛期后，则需要添加一定量的糖，并进行倒灌及喷淋。倒灌的次数决定于很多因素，如葡萄酒的种类、原料质量以及浸渍时间等，一般每天倒灌1~2次，每次约1/3的量。这一过程一般持续1周左右的时间。

　　● 皮渣分离及压榨：测定葡萄酒的相对密度降至1000及以下（或测定糖含量低于2g/L）时，开始皮渣分离。在分离后，为了保证酒精发酵的进行，应将自流酒的温度控制在18~20℃，满罐。

　　● 苹果酸－乳酸发酵：苹果酸－乳酸发酵是提高红葡萄酒质量的必需工序。只有在苹果酸－乳酸发酵结束并进行适当的二氧化硫处理后，红葡萄酒才具有生物稳定性，并且变得更加柔和圆润。这一发酵过程必须保证满罐、密封。结束后添加二氧化硫至50mg/L。

第三节　白葡萄酒的酿造工艺

　　白葡萄酒生产工艺如下图所示。

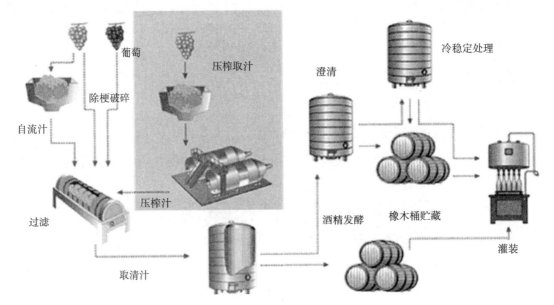

红葡萄酒和白葡萄酒生产方法的最大区别是红葡萄酒是在葡萄经压榨破碎后，带皮渣发酵，而白葡萄酒则是在葡萄经破碎后，将皮渣分离，仅用葡萄汁发酵。

白葡萄酒是用白葡萄汁经过酒精发酵后获得的酒精饮料，在发酵过程中不存在葡萄汁对葡萄固体部分的浸渍现象。干白葡萄酒的质量，主要是由源于葡萄品种的一类香气和源于酒精发酵的二类香气以及酚类物质的含量决定的。所以，在葡萄品种一定的条件下，葡萄汁的取汁速度及质量、影响二类香气形成的因素、葡萄汁以及葡萄酒的氧化现象成为影响干白葡萄酒质量的重要因素。

• 除梗破碎：葡萄—振动筛选台除掉杂质和小青粒—移动提升架—除梗破碎（或仅除梗）除去果梗并破碎—集汁槽及果浆泵将破碎后果浆收集输送到发酵罐。

• 压榨取汁：压榨时气囊及罐壁对物料仅产生挤压作用，摩擦作用甚小，不易将果皮、果梗及果汁本身的构成物压出，因而汁中固体物质及其他不良成分的含量少。

• 低温澄清及清汁的分离：果汁进入保温罐后，添加 60～120mg/L 的二氧化硫，并循环均匀。为了加快澄清和浸渍，可添加果胶酶或膨润土等下胶材料进行下胶处理。保持 0～5℃、24～48h 还可以浸渍出更优雅的香气，并可控制单宁浸出量。

• 酒精发酵：分离出的清酒，迅速回升到 18～20℃，添加葡萄酒专用酵母，启动发酵。发酵启动前，取汁化验各项理化指标。发酵过程中随时进行感官分析和理化分析。需要注意的问题：①装罐应满罐；②温度控制在 18～20℃；③填写发酵记录表。

• 澄清及分离：发酵结束后进行澄清。将分离出的清酒导进贮藏罐，并添加二氧化硫至 60mg/L，密封贮藏。压榨酒可单独进行处理，也可和清酒进行混合处理。如果酸度过高，可考虑进行苹果酸-乳酸发酵，发酵结束后添加二氧化硫，密封贮藏。

第四节　桃红葡萄酒的酿造工艺

桃红葡萄酒的颜色介于白葡萄酒和红葡萄酒之间。从理论上讲，酿造红葡萄酒的所有原料品种都可以作为桃红葡萄酒的原料品种，但是最常用的优良桃红葡萄酒的原料品种主要有歌海娜、品丽珠、赤霞珠、美乐、西拉、马贝克、佳利酿和神索等。用这些品种酿制的桃红葡萄酒，神索和品丽珠的颜色较浅，佳利酿和马贝克的颜色则较深。要酿造优质桃红葡萄酒，必须保证葡萄原料完好无损地进入葡萄酒厂。酿造桃红葡萄酒应该区别两大类作用不同的酚类物质，即可以提高桃红葡萄酒感官质量的花色素苷和影响感官质量的单宁。浸渍温度宜控制在20℃以下，并且不超过24h，在此条件下尽可能提高花色素苷/单宁的比值。优质桃红葡萄酒必须具有自己独特的风格和个性，必须具有果香、清爽和轻柔的特点。常用的酿造方法如下。

一、直接压榨法

对于色素含量很高的品种可以不进行浸渍，采用白葡萄酒的酿造方法，将葡萄破碎后立即进行二氧化硫处理，以防止氧化，同时促进色素的溶解，然后进行分离和压榨，澄清处理后用清汁进行酒精发酵。工艺流程为：原料分选→破碎→二氧化硫处理→分离→压榨→澄清→酒精发酵→分离。

二、短期浸渍分离法

这种方法适用于具有红葡萄酒酿造设备的葡萄酒厂。将葡萄原料装罐浸渍数小时，在酒精发酵开始以前，分离出20%~25%的葡萄汁，然后用白葡萄酒的酿造方法酿造桃红葡萄酒。剩余部分用于酿造红葡萄酒，但需用新的原料补足被分离出的部分。由于体积增加，应适当缩短浸渍时间，防止所酿成的红葡萄酒过于粗硬。工艺流程为：原料分选→破碎→二氧化硫处理→装罐→浸渍2~24h→发酵开始前分离出20%~25%的葡萄汁（剩余部分用于酿造红葡萄酒）→酒精发酵→分离。短期浸渍分离法酿成的桃红葡萄酒，颜色纯正，香气浓郁。质量最好的桃红葡萄酒通常是用这种方法酿成的，其唯一的缺点是产量受到限制。

三、低温短期浸渍

将原料装罐浸渍，在酒精发酵开始前分离自流汁，皮渣经过压榨，取开始的压榨汁加入到自流汁中，除去后来的压榨汁。其工艺流程为：原料分选→破碎→二氧化硫处理→装罐浸渍 2 ~ 24h→发酵开始前分离自流汁→皮渣压榨→酒精发酵→分离。

四、采用混合工艺生产桃红葡萄酒

首先用红皮白汁的葡萄原料酿造白葡萄酒，即对原料进行轻微破碎、压榨，对葡萄汁用膨润土、活性炭（如需要也可用酪蛋白）处理，以降低氧化酶和酚类物质（单宁、无色花青素、儿茶酸等）的含量，然后进行酒精发酵。在出罐时，再加入相应比例（10%左右）的同一品种酿造的红葡萄酒，且加入的红葡萄酒最好是用二氧化碳浸渍酿造法获得的。

无论采取哪种方法酿造桃红葡萄酒，都必须遵循以下原则：葡萄原料被完好无损地送到酒厂；尽量减少对原料不必要的机械处理；对于佳利酿和染色葡萄品种避免浸渍；如果需要浸渍，则浸渍温度最高不能超过 20℃；发酵温度严格控制在 18 ~ 20℃ 的范围内；防止葡萄汁和葡萄酒的氧化。

第五节　冰葡萄酒的酿造工艺

冰葡萄酒的起源有多种传说，其酿造工艺非常独特，即是用冰冻的葡萄酿造而成的葡萄酒。其酿造原理是将完全成熟并且晚收的葡萄，经过风吹霜打，使葡萄中的水分蒸发、脱水，待自然条件下冰冻，葡萄中的水分全部凝结成冰，然后轻轻压榨，获得更加浓缩的原汁，用这样的浓缩葡萄汁发酵便可酿造出珍贵的甜葡萄酒——冰葡萄酒。冰葡萄酒生产的一般工艺流程包括：葡萄冰冻采摘→压榨取汁→回温处理→澄清处理→接种→发酵→终止发酵→低温贮藏→下胶→过滤→冷处理→过滤→灌装。

一、原料采收、处理

根据加拿大冰葡萄酒 VQA 标准，葡萄应当在气温降到 -8℃ 以下，并持续稳定 12h 后进行人工采收，在 -8℃ 以下及时运输到工厂进行压榨取汁加工。冰葡萄压榨取汁前应手工剔除冰果、霉烂果以及其他杂质。

由于取汁困难，冰葡萄取汁一般采用栏筐式气动螺旋压榨机压榨完成。压榨全过程保持环境温度低于 -8℃，取汁后应当及时进行品质分析、检验，检验指标包括糖含量、总酸等。

为了获取更高的出汁率，压榨一般进行两次，第一次压榨获得的冰葡萄汁可溶性固形物含量达到 45% 以上，出汁率在 5% 以上，第二次压榨获得的冰葡萄汁的可溶性固形物含量达到 35% 以上，出汁率在 10% 以上。

一般压榨后得到的冰葡萄汁主要检测指标应当达到以下标准：糖含量 350g/L 以上（以葡萄糖计），酸含量 8 ~ 12g/L（以酒石酸计）。

二、冰葡萄汁澄清

冰葡萄汁澄清主要采取酶处理、硅藻土过滤和膜过滤 3 种方式。

酶处理主要依靠果胶酶、纤维素酶为主的复合酶制剂对果汁中的大颗粒、果肉等浑浊物进行分解，从而达到澄清目的。硅藻土过滤是借助澄清助剂硅藻土的吸附和拦截作用，除去浑浊物。膜过滤是近年来发展起来的膜分离澄清技术，它通过人工合成的、孔径细微一致的分离膜，在强大外力的推动下实现浑浊物的有效分离。膜分离技术可以有效提高果汁澄清度，对果汁主要营养、香气、色泽影响较小，而且可以高效地除去果汁中的杂菌，更有利于后续接种的酵母菌发酵。

三、发酵

为了获得较高的甜度和丰富的香气，冰葡萄酒发酵必须在保糖、低温条件下进行，因此其工艺重点在于适宜的酵母筛选以及发酵工艺的控制。

葡萄被压榨澄清后，葡萄汁要尽快（12h 内）放入发酵罐中，接种筛选出来的人工酵母菌，进入发酵阶段。在接入酵母培养液后需要进行控温发酵。冰葡萄酒中的酒精完全来自葡萄汁中的糖分发酵，甜度来自葡萄汁中发酵后剩余的糖分。为了获得优雅浓郁的芳香和醇柔爽净的口感等绝佳品质，冰葡萄酒一般发酵温度控制在 10～12℃，不得高于 15℃。由于发酵温度低，酿造冰葡萄酒的过程非常缓慢，经常要花费半年的时间才能达到想要的酒精含量。如此长时间发酵期内，保持其发酵安全性和品质的优异、口感的协调至关重要，因此冰葡萄酒发酵工艺中包含着一系列不同于一般葡萄酒的独特环节，其中主要包括：

● 挥发酸控制。在发酵过程中，受高糖引起的高渗胁迫会产生副产物——乙酸，因此，冰葡萄酒的挥发性酸水平经常超过标准。

● 适宜的酵母菌选择。酵母种类对乙酸和甘油形成、发酵速度和感觉特性有着显著的影响，因此，酵母对冰葡萄酒的品质影响很显著。加拿大科学家在 7 个商品酵母品种选择 3 种酵母（ST、N96 和 EC118）适合酿造冰葡萄酒。

● 发酵温度控制。在冰葡萄酒酿造过程中，控温缓慢发酵是一个关键工艺环节，有研究报道，不同发酵温度会影响冰葡萄酒的品质。

研究表明，发酵温度为 5℃时，酵母活性收到很大抑制，发酵原酒糖度高、酸度高、酒度低、酒体不协调；当发酵温度大于 10℃时，随着温度的升高，发酵原酒的酒度和挥发酸同时提高，总糖、干浸出物和氨基酸含量减少，削弱了冰葡萄酒甜润醇厚的典型性。所以，冰葡萄酒发酵温度控制在 10～12℃为宜。

● 发酵终止

在发酵后期，酿酒师会根据预先设计的发酵方案，控制冰葡萄酒中的酒精含量，当酒精度数在9%~13%范围内终止发酵，可以获得不同口感和风味的冰葡萄酒。终止发酵的方法很多，包括低温、添加二氧化硫和除菌过滤等方式，低温和除菌过滤由于不会更多地影响冰葡萄酒的风味，总体效果要优于添加二氧化硫的方法。

- 低温贮藏

终止发酵后进行冷却降温，至5℃以下时转入冷藏罐。在低温下贮藏一段时间，使酒中的悬浮物、酵母等析出，达到自然澄清的目的；或转入不锈钢罐中进行陈酿。

- 下胶澄清

原酒经过数月保藏、陈酿后，需要进行澄清处理。在冰葡萄酒澄清过程中通常采用添加皂土、明胶、蛋清粉、酪蛋白等澄清剂的方法，不同方法具有不同的作用和特点。用皂土下胶澄清时，澄清温度不超过8℃，同时调整游离二氧化硫至40~50mg/L，以保证澄清过程中冰葡萄酒的卫生品质。

- 过滤澄清

过滤澄清是为了更好地保持冰葡萄酒灌装后的澄清度和稳定性。过滤澄清的主要技术有纸板过滤、硅藻土过滤和膜过滤。一般为了获得并保持冰葡萄酒良好的品质，在过滤澄清中通常采用孔径为0.2~0.45μm的错流膜过滤机进行过滤，以最大限度地保持冰葡萄酒特有的香气、迷人的色泽和丰富的口感。

- 冷处理

为了平衡冰葡萄酒口感，增加其稳定性，澄清过滤后还需要对冰葡萄酒进行冷处理。冷处理需要将澄清后冰葡萄酒降温至-4℃，并维持15d，之后回温至15℃下保藏，直至灌装。

- 过滤、灌装

冷处理后冰葡萄酒在灌装前，还需要采用0.2μm孔径的滤芯进行最后一次过滤。过滤后冰葡萄酒直接进入灌装机灌装、打塞、贴标。

灌装后冰葡萄酒成品需要在15℃以下环境贮藏，为了保持其良好的品质，在流通和销售环节也尽量保持在15℃以下环境中。

- 灌装后的保藏

冰葡萄酒灌装后需要妥善保藏。保藏冰葡萄酒的酒库要宽大、易打扫，要保持一定的光线，而且要通风、干燥、恒温。贮酒的环境要注意保持恒定的温度和湿度，但又不能使其酶化。必须存放于阴凉的环境中，而且要避免室内过度的气温变化及光线的刺激，如此保存时间可长达10~12年。年份少的冰葡萄酒品尝起来既新鲜又清新，年份老的则味道较强，且有口感绵长的感觉。冰葡萄酒最终颜色呈金黄色或深琥珀色，口感非常甜蜜，并有杏仁、桃、芒果、蜜瓜或其他甜水果等50余种风味。

第六节　起泡酒的酿造工艺

起泡酒即起泡葡萄酒，分为两大类。

- 低泡葡萄酒，在口腔刺痒的感觉持续时间更长，如沃弗莱和索米尔汽酒等。
- 高泡葡萄酒，倒入玻璃杯中时能产生泡沫（香槟、起泡酒等）。

主要酿造方法如下。

古法，或称加亚克法。全部用自然方式制成，不添加糖或最终加味液，在整个过程中完全依靠葡萄中的自然糖分完成首次发酵、二次发酵和保留剩余糖分的加亚克地区的特殊做法。

密闭酿酒桶法或莎哈摩罐法。二次发酵在一个压力容器中而非瓶中进行。

转瓶法。二次发酵在瓶中进行，但不进行除渣。已经起泡的葡萄酒从瓶中被提取出来，在压力容器中进行过滤，此时添加特殊的调味液，酒液随即在压力下状态下与其中自然产生的二氧化碳一起被装瓶。

黛法。主要用于酿制黛克莱雷起泡酒。它来源于古法，但在二次发酵（在瓶中和酒桶中）时用冷却法对酒液中残留的酵母进行过滤，与转瓶法相似，但不添加调味液。在上述过程中同时冲洗酒瓶，然后将处理完的酒液重新装瓶。

香槟法。香槟产区的独家做法。

- 酿造无泡基酒

以黑葡萄为主的葡萄品种酿制白葡萄酒时必须遵守以下 5 个原则：采摘后立刻榨汁、整串榨汁、轻柔渐进地进行榨汁、小量提取、对压榨机收集的汁液进行分离。

- 混酿

混酿的目的是将不同产地、不同品种和不同年份的葡萄酒进行调和设计出一种独一无二的葡萄酒。酿酒师用这种方式表达独特的理念和特色，并年复一年地重现这种风格。

- 瓶中发酵与二次发酵

混酿调配之后的葡萄酒液被装入瓶中，添加由酵母和糖组成的"再发酵液"进行第二次发酵。

在持续 6~8 周的"起泡"过程中，酵母消耗掉糖分，并在酒中释放出除了二氧化碳气体和酒精以外的、能够为成酒增添感官特征的高级醇和酯。

- 带酒脚熟化

装瓶后的葡萄酒在阴凉背光、保持约 12℃恒温的地窖里开始漫长的熟化期。

根据有关法规的要求，从瓶中发酵的日期算起，非年份酒在地窖中必须存放 15 个月，年份酒则为 3 年。但在实际情况中，大多数生产商都会在这个基础上再延长几年。

- 转瓶

经过漫长的熟化期之后，需要去除在二次发酵过程中形成的沉淀物，使葡萄酒重新变得清澈。转瓶的工序指的是每天转动瓶口朝下放置的葡萄酒瓶，以便使沉淀物集中在瓶子的颈部，使其能够在冷却除渣的工序中被去除。

- 冷却除渣

这个工序的目的是将转瓶后集中在瓶子颈部的沉淀物取出来。要做到这一点，必须将瓶颈浸入约 –27℃ 的溶液中，使得那里的沉淀物迅速结成容易被排出的冰块。

- 补酒和封口

补酒指的是补充少量的调味液，也称最终调味液，通常是蔗糖含量为 500～750g/L 的酒液。

补酒时调味液的含量取决于希望酿制的成酒类型。

➤ 天然甜：蔗糖含量 50g/L 以上；

➤ 半干：蔗糖含量 32～50g/L（含）；

➤ 干：蔗糖含量 17～32g/L（含）；

➤ 特干：蔗糖含量 12～17g/L（含）；

➤ 天然：蔗糖含量 12g/L（含）以下；

➤ 超天然：蔗糖含量 0～6g/L。

对于糖分含量低于 3g 又没有添加糖分的葡萄酒，可标注自然型、无补酒或零补酒字样。

补酒后立即用金属丝缠绕固定的软木塞封瓶。

第七节　白兰地的酿造工艺

一、白兰地原料酒的酿造

（一）自流汁发酵

白兰地原料酒常采用自流汁发酵，原酒应含有较高的滴定酸度，以保证发酵能顺利进行，有益微生物能充分繁殖，而有害微生物受到抑制。在贮存过程中也可保证原料酒不变质。发酵温度应控制在 30～32℃，时间为 4～5d。当发酵完全停止时，糖含量应达到 3g/L 以下，挥发酸度≤0.05%。在罐内静止澄清，然后将上部清酒与酒脚分开，取出清酒即可进行蒸馏，酒脚单独蒸馏。

整个葡萄加工以及发酵、贮存期间不得使用二氧化硫、偏重亚硫酸钾等防腐剂，因使用二氧化硫蒸馏出来的白兰地原料酒带有硫化氢、硫醇类物的臭味，并腐蚀蒸馏设备。

（二）自然发酵

目前国内外各葡萄酒厂对白兰地原料酒的发酵多采用自然发酵方法。自然发酵的优越性除表现在大生产条件下工艺操作方便外，所得产品质量也很优异。所谓自然发酵是指葡萄破碎以后不经杀菌，也不接种任何菌种，直接进行发酵。由于葡萄果粒表面栖息着各种各样的各种微生物，这些微生物随着破碎的葡萄一起转入发酵池或发酵桶内，在嫌气性的环境里，各种好气菌的繁殖受到抑制，而嫌气性的葡萄酒酵母菌的繁殖则占了绝对的优势。另外，葡萄汁 pH 低，也阻止了杂菌的繁殖。因此，在自然发酵的过程中，只有其中的各种酵母菌得以繁殖，从某种意义上讲，这和用纯粹培养的葡萄酒酵母进行人工发酵，没有多大差别。

野生酵母的种类非常多，它们的性质也相差非常远。有的生香性能强，有的生香性能弱。不同种类的酵母，所产生的香气成分也是不相同的。自然发酵的葡萄酒是葡萄果粒表面各种野生酵母综合作用的结果。

法国葡萄酒专家指出，科涅克白兰地原料酒就是自然发酵的产物，没有专门的酿酒师酿造。掺入科涅克原料酒发酵的酵母菌主要是野生的葡萄酒酵母，这种酵母酒精发酵力强，有的可产生 14% 的酒精度，还产生很少的酯类。另外还有多种野生酵母掺入白兰地原料葡萄酒发酵，如尖端酵母，这种酵母酒精发酵能力很弱，但发酵后能产生很多酯类。

野生酵母平时栖息在葡萄园的土壤中，可随风飘扬在空气中。当野生酵母落到成熟葡萄的果粒表面，得到它们所需的养分时，便会大量繁殖起来。

（三）酵母发酵

国外有的白兰地酒厂采用加酵母发酵的方法发酵白兰地原料酒。他们的做法是分离的果汁不经杀菌，向其中加入 1%～1.5% 纯粹培养的酵母菌，用人工酵母的优势压倒野生酵母的劣势。

在国外，用于葡萄酒生产的酵母，已被制成酵母干粉，真空包装后作为商品出售。如法国巴黎洛萨夫雷公司就是专门生产酵母的工厂，该公司生产的葡萄酒酵母，室温下可放 6～12 个月。这种干酵母用于葡萄酒生产是很方便的。

二、白兰地的蒸馏

白兰地酒中的芳香物质主要通过蒸馏获得。白兰地虽是一种蒸馏酒，但它与酒精不同，不像蒸馏酒精那样要求很高的纯度，而是要求蒸馏得到的原白兰地酒精含量在 60%～70%（体积分数）的范围内，并保持适当量的挥发性物质，以奠定白兰地芳香的物质基础。

目前在白兰地生产中，普遍采用的蒸馏设备是夏朗德式蒸馏锅（又叫壶式蒸馏锅）、带分流盘的蒸馏锅和塔式蒸馏锅。夏朗德式蒸馏锅需要进行两次蒸馏，第一次蒸馏白兰地原料酒得到粗馏原白兰地，然后将粗馏原白兰地进行重复蒸馏，掐去酒头和酒尾，取中馏分，即得白兰地，它无色透明，酒性较烈。而带分流盘的蒸馏锅和塔式蒸馏锅都是经一次蒸馏就可得到原白兰地，并且塔式蒸馏锅可以使生产连续化，提高生产效率。

对白兰地规模生产厂来讲，白兰地生产产品结构必须是高中低档并举，保质保量，企业才能有活力。生产企业往往采用不同的蒸馏方式，即夏朗德式蒸馏和塔式蒸馏同时采用。夏朗德式蒸馏和塔式蒸馏的区别在于：

- 所用设备不同；
- 生产方式不同：夏朗德式蒸馏是间断式蒸馏，塔式蒸馏是连续式蒸馏；
- 热源不同：夏朗德式蒸馏采用的是直接火加热，塔式蒸馏则采用的是蒸汽加热；
- 夏朗德式蒸馏产品芳香物质较为丰富，塔式蒸馏产品呈中性，乙醇纯度高。

三、白兰地的勾兑和调配

原白兰地是一种半成品，品质较粗，香味尚未圆熟，不能饮用，需调配，经橡木桶短时间的贮存，再经勾兑方可出厂。陈酿就是将原白兰地在橡木桶里经过多年的贮藏老熟，使产品达到成熟完美的程度。原白兰地经过很短时间的贮藏，就勾兑、调配成白兰地。配成后的白兰地需要在橡木桶里经过多年的贮藏，达到成熟以后，经过再次勾兑和加工处理，才能装瓶出厂。

无论以哪种方式贮藏，都要经过两次勾兑，即在配制前勾兑和装瓶前勾兑。

- 浓度稀释。国际上白兰地的标准酒精含量是 42%～43%（体积分数），我国一般为 40%～43%（体积分数）。原白兰地酒精含量较成品白兰地高，因此要加水稀释，加水时速度要慢，边加水边搅拌。
- 加糖。目的是增加白兰地醇厚的味道。加糖量应根据口味的需要确定，一般控制白兰地含糖范围在 0.7%～1.5%。糖可用蔗糖或葡萄糖浆，其中以葡萄糖浆为最好。
- 着色。白兰地在木桶中贮存过久，或用幼树木料制造时，会有过深的色泽和过多的单宁，此时白兰地发涩、发苦，必须进行脱色。色泽如果稍深，可用骨胶或鱼胶进行处理，否则除下胶以外，还需用最纯的活性炭进行处理。经下胶或活性炭处理的白兰地，应在处理后 12h 过滤。
- 加香。高档白兰地是不加香的，但酒精含量高的白兰地，其香味往往欠缺，需采用加香法提高香味。白兰地调香可采用天然的香料、浸膏、酊汁。凡是有芳香的植物的根、茎、叶、花、果，都可以用酒精浸泡成酊，或浓缩成浸膏，用于白兰地的调香。

四、白兰地的自然陈酿

白兰地都需要在橡木桶里经过多年的自然陈酿，其目的在于改善产品的色、香、味，使其达到成熟完善的程度。在贮存过程中，橡木桶中的单宁、色素等物质溶入酒中，使酒的颜色逐渐转变为金黄色。由于贮存时空气会渗过木桶进入酒中，引起一系列缓慢的氧化作用，致使酸及酯的含量增加，产生强烈的清香。酸是由于木桶中的单宁酸溶出及酒精缓慢氧化而致。贮存时间长，会产生蒸发作用，导致白兰地酒精含量降低，体积减少。为了防止酒精含量降至40%以下，可在贮存开始时适当提高酒精含量。

贮藏容器在贮藏过程中的管理及存放条件对白兰地的自然陈酿有很大影响。贮藏的期限决定了白兰地的质量。贮藏的时间越长，得到的白兰地质量也就越好，如有长达50年之久的。但一般来说，贮藏4~5年，就可以获得优良的品质特征了。

五、白兰地贮藏期间管理

（1）在贮藏过程中小木桶排成行或上下一个个地叠放，大木桶采用立式较多，应注意大小木桶、新旧木桶交替贮藏，以达到最完美的贮藏效果。

（2）贮藏白兰地时，应在桶内留1%~1.5%的空隙，这样一方面可防止受温度影响发生溢桶，另一方面还可在桶内保持一定的空气，利于氧气的存在以加速陈酿。每年要添桶2~3次，添桶时必须采用同品种、同质量的白兰地。

（3）原白兰地贮藏时，酒度的处理一般有以下几种方式：第一种是蒸馏好的原白兰地不经稀释，直接贮藏，达到等级贮藏期限后进行勾兑配制，经后序工艺处理封装出厂，此法一般生产中低档的产品；第二种是将蒸馏好的原白兰地不经稀释，直接贮藏到一定年限（视产品档次及各厂调酒师经验），调整至40%（体积分数）左右进行二次贮藏，达到年限后，调整成分进行稳定性处理，然后封装出厂；第三种则是法国优质白兰地所常采用的贮藏工艺，即将原白兰地原度贮藏，然后分阶段进行几次降度贮藏，使酒度达50%（体积分数）。专家们认为酒度50%（体积分数）最有利于陈酿，去除了原白兰地的辣喉感，增强了白兰地的柔和性，几次降度还可减少对酒体的强刺激，使白兰地在较为平稳的环境中熟化，最后调整到40%（体积分数）装瓶出厂，这样不仅使陈酿的白兰地酒质优异，而且由于50%（体积分数）酒度的白兰地贮藏期长，木桶利用率相对来讲就提高了。在降度前应先制备低度的白兰地，即将同品种优质白兰地加水软化稀释至25%~27%（体积分数），然后贮藏，在白兰地降度时加入，以缓减直接加水对白兰地的刺激。

（4）贮藏期间应有专人负责定期取样观察色泽，品口味、闻香气，并注意酒质的变化，一旦发现有异常现象，应及时采取补救措施，如将熟化的酒倒入桶径大、容积大的木桶里，防止酒过老化。贮藏期间还应随时检查桶的渗漏情况，以及桶箍的损坏情况，桶箍应采用不锈钢材质，若采用铁箍则要定期油漆，以防铁箍在地窖中因环境潮湿而生锈，或随倒桶等操作被带入酒中，致使酒中铁含量超标。

（5）贮存时新木桶使用前应先用清水浸泡，以除去过多的可溶性单宁，并将木桶清洗干净，然后用65%～70%（体积分数）酒精浸泡10～15d，以除去粗质单宁，但浸泡时间不宜过长，否则就降低了新桶的使用价值。

第八节　利口酒的酿造工艺

利口酒，英文为liqueur，在我国部分沿海地区也音译为力娇酒。利口酒是一种用烈酒、甜味糖浆和其他物质加味而得到的一种含酒精饮品，乙醇含量为15%～30%（体积分数）。利口酒在法国、意大利、荷兰、德国、匈牙利、英国、美国等欧美国家比较常见，多作为助消化的餐后饮料。由于此酒色彩丰富、气味芬芳，也用以增加鸡尾酒的色、香、味。西餐中还可用于烹调，制作冰激凌、布丁及甜点。某些利口酒中由于添加了草药成分，还具有舒筋活血、助消化的作用。

利口酒的产品特征与我国果露酒极为相近，它以发酵酒、蒸馏酒或中性酒精为酒基，加入果汁、香料，植物的花、根、茎、叶等，经浸泡、蒸馏或发酵，再添加呈味、呈色物质配制而成。因为经过增甜、调味和调色处理，所以利口酒随加入香料的不同而风味各异，其色彩也可以调成红、黄、蓝、绿等鲜艳的或复合的色彩。

各国对利口酒的酒度规定不尽相同。在我国颁布实施的《葡萄酒》（GB/T 15037—2006）中，对利口葡萄酒的定义为：由葡萄生成总酒度为12%（体积分数）以上的葡萄酒中，加入葡萄白兰地、食用酒精或葡萄酒精以及葡萄汁、浓缩葡萄汁、含焦炭糖葡萄汁、白砂糖等，使其终产品酒精度为15.0%～22.0%（体积分数）的葡萄酒。

按照酿造方式不同，利口酒可以分为高度葡萄酒和浓甜葡萄酒两大类。高度葡萄酒是在自然总酒度不低于12%（体积分数）的新鲜葡萄、葡萄汁或葡萄酒中加入酒精后获得的产品，但由发酵产生的酒度不得低于4%（体积分数）；浓甜葡萄酒是在自然总酒度不低于12%（体积分数）的新鲜葡萄、葡萄汁或葡萄酒中加入酒精和浓缩葡萄汁，或葡萄汁糖浆，或它们的混合物后获得的产品，但由发酵产生的酒度不得低于4%（体积分数）。

按照其风味不同，利口酒可以分为甜利口酒、苦味利口酒和特种利口酒等3种。甜利口酒一般由水果的果汁或浸出液、可食的植物及其果实、水果的种子或咖啡豆等与蒸馏酒或食用酒精、糖调配而成，如水果利口酒、草料利口酒和种料利口酒。这种利口酒的糖度一般在15%～25%，于餐后饮用，有助消化之功效。苦味利口酒由可食的苦味芳香植物的浸出液或香精与基酒及糖源等调配而成。一般酒精度在25%（体积分数）以上，有开胃之功效。特种利口酒一般酒精的体积分数在30%以上，如兴奋利口酒、乳化利口酒和充气利口酒等。

第三章

葡萄酒的鉴赏方法

第一节　葡萄酒鉴赏概述

红葡萄酒	桃红葡萄酒	白葡萄酒	香槟	起泡酒	冰葡萄酒

　　葡萄酒的品评/感官分析就是利用感官去了解、确定某一产品的感官特性及其优缺点，并评估其质量，即利用视觉、嗅觉和味觉对葡萄酒进行观察、分析、描述、定义、分级。最基本的品评步骤包括观色、闻香、品味。

　　● 观色：即观察葡萄酒本身的色泽。晶亮透明、微黄带绿是典型白葡萄酒的颜色，红葡萄酒越陈越有光泽，不同葡萄品种所酿出的色泽也不同，但色泽纯正是人们最好的感觉。

　　● 闻香：通过嗅觉，慢慢地领略酒中的香味，感受是否有多种果香的气味。香气淳朴是上等葡萄酒所具有的特色。

　　● 品味：即品评酒液入口的滋味。慢慢地咽下，领略其滋味，是酒本身质量好坏的最重要的体现。酸涩平衡、回味长短都是品味内容，个人主观感受能力不同，其品味标准也不同，但好的葡萄酒会给人们总体好的感觉。

观其色　　　　　　　闻其香　　　　　　　品其味

（图片来源：http://dzb. hxnews. com/2012 – 07/26/content_ 57712. htm）

第二节　葡萄酒鉴赏的品尝条件

葡萄酒感官品评最好在专业的感官实验室进行，室内应保持温度和湿度的恒定适宜，尽量让评价员感觉舒适。除此之外，感官品评实验室还应满足以下要求，以保证品评结果受外界干扰的最小化。

● 噪声：品评期间应控制噪声，推荐使用防噪声装置。

● 气味：检验区应安装带有炭过滤器的空调，以清除异味。在检验区增加一点大气压强以减少外界气味的侵入。检验区的建筑材料和内部设施均应无味、不吸附、不散发气味。清洁器具不得在检验区内留下气味。配置1L不透明、无味、加盖吐酒桶作为废液存放装置。

● 颜色：检验区墙壁的颜色和内部设施的颜色应为中性色，以免影响检验样品。推荐使用乳白色或中性浅灰色。

● 照明：照明对感官检验特别是颜色检验非常重要。检验区的照明应是可调控的、无影的和均匀的，并且有足够的亮度以利于评价，推荐灯的色温为6500K。

● 隔档：为防止评价员之间的影响及精力分散，在评价时应将评价员安置在每个检验隔档中。一般要求使用固定的专用隔档，设计隔档尺寸应保证评价员舒适地进行评价，既互不干扰，又节省空间。推荐隔档工作区长900mm，工作台宽600mm，工作台高720～760mm，座高427mm，两隔板之间距离为900mm。若条件有限，也可使用简易隔档。

第三节　葡萄酒的鉴赏准备

一、醒酒

　　醒酒，又称滗酒、换瓶。这一传统的形成，是因为最初酿造的葡萄酒一般都未经过滤，当葡萄酒从酒窖的木桶中装到酒壶或酒瓶里供大家享用时，会在壶底或瓶底留有一些沉淀物，因此酿酒师就会先将葡萄酒倒入醒酒器中，使酒液与沉淀物分开。

　　饮酒前醒酒的目的主要有两个：第一，为了除去葡萄酒中的沉淀物。醒酒作为过滤的手段一直被人们保留至今，尽管现在大多数葡萄酒在装瓶前都经过了初步过滤，但酒瓶中往往还会出现一些沉淀物，尤其是那些经过长期陈酿的葡萄酒；第二，让葡萄酒与空气充分接触。在醒酒的过程中可以释放掉一些令人不悦的杂味或异味（死酵母味、臭鸡蛋味）。酒液充分接触氧气后，其本身的花香、果香逐渐被散发出来，同时还有一些更加微妙的风味，并软化葡萄酒中的单宁，使葡萄酒变得更有活力，口感也更加丰富、圆润。

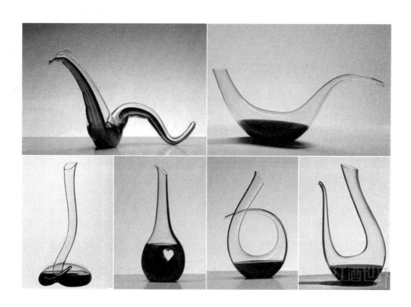

各种样式的醒酒器

（图片来源：http://www.winesou.com/baike/bolan/108512.html.）

　　醒酒器口径的长短和直径的大小直接影响着葡萄酒与空气接触面积的大小，从而影响葡萄酒的氧化程度，进而决定葡萄酒气味的丰富程度。所以，选择一个合适的醒酒器非常重要。通常来说，新酿的葡萄酒可以选用比较扁平的醒酒器，因为扁平醒酒器有一个宽大的肚子，有助于葡萄酒的氧化；而陈年的葡萄酒则可以选择直径稍小的醒酒器，最好选择带塞子的，这样可以防止葡萄酒的过度氧化和加速衰老。还需注意的是,最好选择容易清洗的醒酒器。

二、品评温度

不同酒样的品评温度各有不同,应确保酒样呈现温度为其最佳品尝温度。白葡萄酒和桃红葡萄酒的温度范围为 10~12℃;红葡萄酒的温度范围为 15~18℃;起泡葡萄酒的温度范围为8~10℃;利口酒和蜜甜尔的温度范围为 8~10℃、同一期间、同一类型的酒样必须在同一温度下品尝。另外,葡萄酒的最佳消费温度不仅决定于葡萄酒的种类,而且决定于品尝环境、季节、消费习惯和消费者的口味。如在冬季,可略高于温度范围,而在夏季则可低于该温度范围。当难以将酒温控制在最佳范围内时,则应尽量使温度低一些。因为温度低的葡萄酒会在室温条件下的酒杯中自然升温,而且还可通过用手握酒杯来加速或达到升温的目的。

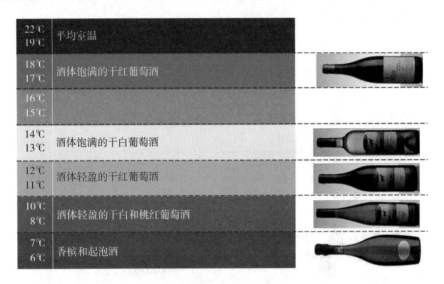

不同种类葡萄酒的最佳品评温度

三、葡萄酒杯

专业的品酒者都认为不同风格的葡萄酒需要用不同类型的酒杯来盛装才能突出其特点和风味。一般来说,葡萄酒杯有杯肚大的红葡萄酒杯、杯肚略小的白葡萄酒杯以及长笛型的起泡酒杯 3 种。按照不同酒杯盛装不同风格葡萄酒的原则,其类型又可大致分为以下几种。

• 波尔多杯

波尔多杯适合盛装大多数法国产的波尔多红葡萄酒。由于其酒酸度高、涩味较重,所以要求酒杯杯身长而杯壁呈弧线的郁金香杯形,因为杯壁的弧度可以有效地调节酒液在入口时的扩散方向。另外,较宽的杯口有利于我们更为敏锐地感觉到波尔多葡萄酒渐变的酒香。

- 勃艮第杯

勃艮第杯适合用来品尝果味浓郁的勃艮第红葡萄酒。因为其大肚子的球体造型正好可以引导葡萄酒从舌尖浸入，实现果味和酸味的充分交融；而向内收窄的杯口可以更好地凝聚勃艮第红葡萄酒潜在的酒香。

- 香槟杯

香槟杯适合盛装所有起泡酒。其突出特点是杯身细长，给气泡预留了足够的上升空间。标准的香槟杯杯底都会有一个尖点，这样可以让气泡更加丰富且漂亮。冰葡萄酒也可以使用香槟杯来品尝。

- 甜酒杯

甜酒杯较矮小的杯体适合与甜酒如甜白、波特酒和雪利酒等搭配。外翻的杯口将酒味很好地聚集在舌尖，将果味的甘甜发挥得淋漓尽致。

- 长相思杯、霞多丽杯、雷司令杯等白葡萄酒杯

因为白葡萄酒的最佳饮用温度较低，所以为了防止杯中葡萄酒的温度快速上升，酒杯大多都较小。而依据不同的葡萄酒品种，选择不同形状的白葡萄酒杯去品尝，也会带来意想不到的体验。

香槟杯　　波尔多杯　　勃艮第杯　　白兰地杯

INAO酒杯

· 这个酒杯的外形是1970年由法国INAO（原产地名号研究院）确定的，并且后来得到OIV的认可，成为业界使用的标准酒杯，很多酿酒厂的实验室里和酿酒学校里都可以见到。

OFFICAL INAO GLASS MEASUREMENTS

不同类型的酒杯

（图片来源：https://www.sohu.com/a/69647489_362038）

- ISO 国际标准品酒杯

国际标准品酒杯杯脚高 5~6cm，酒杯口小腹大，杯形如郁金香。杯身容量很大，使得

葡萄酒在杯中可以自由呼吸；略微收窄的杯口设计，是为了让酒液在晃动时不会溅出来，且使酒香能聚集杯口，以便品味鉴赏酒香。此种酒杯1974年由法国INAO（国家产地命名委员会）设计，被广泛用于国际品酒活动。作为品评用杯，它是全能型酒杯，不突出酒的特点，直接展现葡萄酒的原有风味。

（图片来源：Wine Folly）

葡萄酒杯杯身的形状、开口的大小，决定了葡萄酒酒液进入口腔的方式。因为通过葡萄酒杯杯身不同形状的引导，可以让酒流进舌头的适当味觉区（舌头有4个不同味觉区，舌尖对甜味最敏感、舌后对苦味最敏感，而舌头内侧、外侧则分别对酸、咸最为敏感），进而决定酒的结构与风味的最终呈现。葡萄酒的香气由于密度的不同，在酒杯内的位置也不同，最上层的是挥发性较强、密度较小的花香与果香；中层是辛香与植物的香气；最底层则是橡木香和酒香。不同的酒杯形状能让香气处于酒杯内不同的位置，如下图所示。图中从左到右依次为，陈年的红酒杯、香槟杯、白酒杯、年轻的红酒杯。黄色部分代表第一香气（如花香、果香），绿色部分代表第二香气（如辛香、植物香、坚果的香味），蓝色部分代表第三香气（如橡木香、酒香）。

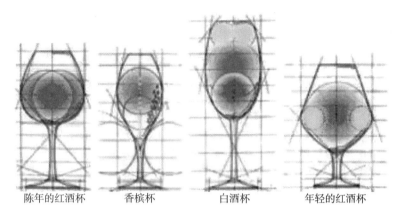

陈年的红酒杯　　香槟杯　　白酒杯　　年轻的红酒杯

（图片来源：https://www.sohu.com/a/113917282_422954）

收口很小的酒杯，酒液流出时更加有力、更细，会直接流向舌头中部；开口较大的酒杯，葡萄酒刚一入口便流向舌头的两侧。香气淡雅的葡萄酒，喜欢腹部宽阔的酒杯，可以让香气更多地停留。

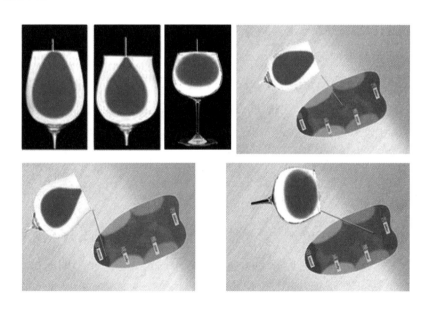

（图片来源：https://winefolly.com/tips/wine-color-chart/）

第四节　葡萄酒的外观鉴赏

鉴赏时握住杯脚或者杯底，倾斜45°，通过白色背景，观察葡萄酒的外观和颜色。

一、澄清度

衡量葡萄酒澄清程度的指标有透明度、浑浊度等，与之相关的指标还有是否光亮、有无沉淀等。优良的葡萄酒必须澄清、透明（色深的红葡萄酒例外）、光亮。

（一）衡量葡萄酒澄清程度的指标

● 澄清：衡量葡萄酒外观质量的重要指标。澄清表示葡萄酒明净清澈，不含悬浮物。通常情况下，澄清的葡萄酒也具有光泽。

● 透明度：表示葡萄酒允许可见光透过的程度。白葡萄酒的澄清度和透明度呈正相关，即澄清的白葡萄酒亦透明。但对于红葡萄酒来讲，如果颜色很深，则澄清的葡萄酒就不一定透明。

● 浑浊度：表示葡萄酒的浑浊程度，浑浊的葡萄酒含有悬浮物。葡萄酒的浑浊往往是由微生物病害、酶破败或金属破败引起的。浑浊的葡萄酒口感质量也差。

● 沉淀：指从葡萄酒中析出的固体物质。沉淀是由于在葡萄酒陈酿过程中，其构成成分的溶解度变小引起的，一般不会影响葡萄酒的质量。

（二）描述澄清程度的词汇

● 澄清度：清亮透明，晶莹透明，莹澈透明，有光泽，光亮。

● 浑浊度：略失光，失光，欠透明，微浑浊，极浑浊，雾状浑浊，乳状浑浊。

● 沉淀：有沉淀，纤维状沉淀，颗粒状沉淀，絮状沉淀，酒石结晶，片状沉淀，块状沉淀。

二、颜色

葡萄酒的颜色包括色度和色调。形容色度（即深浅）方面的词汇有：浅、淡、深、浓、暗等。形容色调方面的词汇，则根据葡萄酒的种类不同，包括一系列的颜色及其不同的组合。红葡萄酒的颜色主要为宝石红、鲜红、深红、暗红、紫红、瓦红、黄红、砖红、棕红、黑红等；白葡萄酒的颜色主要为近似无色、禾秆黄色、绿禾秆、黄色、暗黄色、金黄色、琥珀黄色、黄色、铅色、棕色、染色等；桃红葡萄酒颜色主要为黄玫瑰红、橙玫瑰红、玫瑰红、橙红、洋葱皮红、紫玫瑰红等。

（一）红葡萄酒的颜色

红葡萄酒是用红色的酿酒葡萄品种酿造的，而新鲜的红葡萄皮是深紫色的，所以比较年轻的红葡萄酒紫色色调会比较明显。随着陈酿时间的加长，紫色的色调会逐渐消褪，而葡萄酒中黄色的色调会不断增加。红葡萄酒颜色的演变过程是：紫红色→宝石红色→石榴红色→砖红色。当葡萄酒出现棕色色调时，葡萄酒基本就失去饮用价值了。

（二）白葡萄酒的颜色

白葡萄酒仅用葡萄汁来发酵，所以白葡萄酒只有葡萄汁本身的颜色。新鲜的葡萄汁几乎没有颜色，仅有非常浅的黄绿色，色调像黄绿色的柠檬，也叫作浅绿柠檬色。所以比较年轻的白葡萄酒是非常浅的绿柠檬色，几乎没有颜色，也才叫作白葡萄酒。随着陈酿时间的加长，白葡萄酒中仅有的一点绿色色调会逐渐消褪，由陈酿产生的黄色色调会不断增加。白葡萄酒颜色的演变过程是：绿黄色→金黄色→琥珀色→棕色。

（三）桃红葡萄酒的颜色

桃红葡萄酒仅仅取了葡萄皮里的一点点颜色，所以呈现桃红色。随着陈酿时间的加长，桃红葡萄酒颜色的变化过程是：玫瑰色→淡红色→三文鱼色→红褐色。

紫红色
非常年轻的酒
1~2年

宝石红色
年轻的酒
3~5年

石榴红色
成熟的酒
8~15年

砖红色
陈年葡萄酒
15年以上

绿黄色
非常年轻的葡萄酒
1~2年

金黄色
成熟的葡萄酒
3~10年

琥珀色
陈年葡萄酒
15年

棕色
陈年葡萄酒

玫瑰色
年轻的葡萄酒
1年

淡红色
淡红酒
1~3年

三文鱼色
桃红酒
1~3年

红褐色
陈年酒

不同种类葡萄酒的颜色

（图片来源：https://winefolly.com/tips/wine-color-chart/）

三、流动性

葡萄酒具有流动性，且不同程度地存在着稀薄与浓厚的感觉。葡萄酒的流动性可通过把酒倒入杯中旋转进行观察。通常评语为流动性的（正常酒）、稠密的/浓厚的（有缺陷的）、油状的/黏稠的（油脂病）等。

挂杯是酒液在杯壁形成细柱或者泪痕的现象。酒精、糖、甘油等物质可增加酒体的浓稠度，减缓酒液的下流速度，但并不是判断质量的依据。

葡萄酒在酒杯中的流动状态

（图片来源：https：//www.sohu.com/a/124927785_504129）

四、持泡性

持泡性主要由气泡的数量、大小、释放的时间、气泡的质量来判断其特性。通常评语包括：持久的、细致连续小珠状气泡、形成晕圈、暂时泡涌、泡大不持久、冒细泡的、冒气泡的等。

第五节　葡萄酒的香气鉴赏

一、闻香方法

品味葡萄酒的香气可通过 3 步进行：第一次闻香，将酒杯中倒入杯体 1/3 的葡萄酒，在其处于静止的状态下分析其香气。方法是将酒杯慢慢举起，注意不要摇动，或是将酒杯放置于台面，闻香时，集中注意力，将酒表面空气慢慢吸入鼻腔以初步分析香气的类型。第一次闻香只能闻到酒表面扩散性最强的这部分香气，闻到的香气较淡，所以第一次闻香只能作为香气评价时的参考。第二次闻香，摇动酒杯，使葡萄酒在杯中作圆周运动，葡萄酒表面的静止的"圆盘"被破坏，此时葡萄酒与空气接触，可促进呈香味物质释放。摇动结束后闻香，由于酒体的圆周运动使杯内充满了挥发性物质。所以，对于香气质量好的葡萄酒，此时闻香，其香气最为浓郁、优雅、纯正；对于香气质量不好的葡萄酒，此时闻香，其香气缺陷可反映出来。第二次闻香可重复进行，每次闻香结果一致。所以，以第二次闻香的结果作为评价葡萄酒香气的重要依据。当第二次闻香发现葡萄酒香气有缺陷时，可继续进行第三次闻香，一手拿住杯底，另一手手掌盖住酒杯杯口，上下猛烈摇动酒杯，然后进行闻香。由于酒在杯中被猛烈摇动，可促进葡萄酒中使人不愉快的气味如乙酸乙酯、氧化味、霉味、苯乙烯、硫化氢等气味的释放。所以，第三次闻香主要是鉴别香气的缺陷。

二、香气轮

目前，葡萄酒中已发现的香味超过了 600 种。这些香味可分为 12 大类：水果味、蔬菜味、坚果味、焦糖味、木质味、土腥味、化学味、刺激性味、氧化味、微生物味、花香味和辛辣味等。下面是这 12 大类香味的细化及香味轮的表示形式。

葡萄酒 12 大类香味

12 大类香味	具体香味	代表性参照味
水果味	柑橘味	柚子，柠檬
	浆果味	覆盆子，黑莓，蓝莓，红醋栗
	果树（水果味）	苹果，桃，杏
	热带水果味	菠萝，瓜，香蕉
	干果味	草莓浆，葡萄干，梅干
	其他	无花果，人造水果，甲基临氨基苯甲酸
蔬菜味	新鲜的	茎，青草，钟形胡椒，桉树，薄荷
	罐头味/烹调味	青豆味，芦笋，青橄榄，黑橄榄
	干的	干草/麦秆，茶味，烟草味
坚果味	坚果味	核桃味，杏核味，榛
焦糖味	焦糖味	蜂蜜味，奶糖味，双乙酰味（奶油），酱油味，巧克力味，糖蜜味
木质味	酚味	酚味，香菜味
	树脂味	雪松，橡木
	焦味	烟味，焦面包味，咖啡味
土腥味	土腥味	蘑菇，灰尘
	霉味	木塞，霉味
化学味	石油味	柴油，煤油，塑料，柏油
	硫味	湿羊毛，二氧化硫，燃烧火柴味，烧熟卷心菜味，臭鼬味，硫醇味，硫化氢，橡胶味
	纸味	湿纸板味，滤板
	刺激性	二氧化硫味，乙醇，醋酸，乙酸乙酯
	其他	杂醇油，山梨酸酯，肥皂味，鱼腥味

续表

12大类香味	具体香味	代表性参照味
刺激性味	冷的	薄荷醇
	热的	醇类
氧化味	氧化味	乙醛
微生物味	酵母味	酒糟，酵母
	乳酸味	乳酸，汗味，丁酸，泡菜
	其他	鼠味，马味
花香味	花香味	天竺葵，普洛兰，玫瑰，沉香醇
辛辣味	香料味	甘草，八角，黑胡椒，丁香

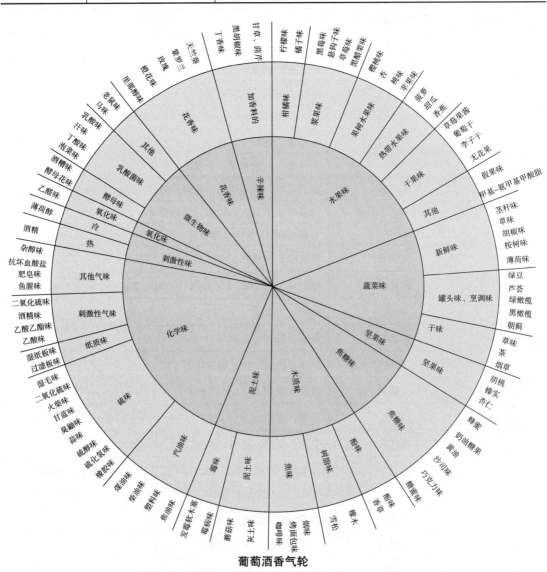

葡萄酒香气轮

(图片来源:1984 – Progress Towards a Standardized System of Wine Aroma Terminology-American Journal of Enology and Viticulture)

三、正面香气分类

在记录、描述葡萄酒香气的种类时，应注意区分不同类型的香气，一类香气、二类香气和三类香气。一类香气为包括以花香、果香、植物与矿物气味、动物气味为特征的香气。以花香为特征的香气包括所有的花香，但常见的有堇菜、山楂、玫瑰、柠檬、茉莉、鸢尾、天竺葵、洋槐、椴树和葡萄等的花香。以果香为特征的香气包括所有的果香，但常见的是覆盆子、樱桃、草莓、石榴、醋栗、杏、苹果、梨、香蕉、核桃和无花果等果香气味。以植物与矿物气味为特征的香气主要有青草、落叶、块根、蘑菇、湿青苔、湿土和青叶等气味。以动物气味为特征的香气主要指源于一些芳香型品种的麝香香味。二类香气可概括地描述其为具酒香或发酵香。三类香气包括还原醇香和氧化醇香，还原醇香是在还原条件下（在厌氧条件下）形成的香气，主要指在贮藏罐、木制酒桶（瓶）中形成的香气，氧化醇香是在氧化陈酿条件下形成的香气。三类香气主要有动物气味、香脂气味、烧焦气味（主要是单宁变化或溶解橡木成分形成的气味）和香料气味等。

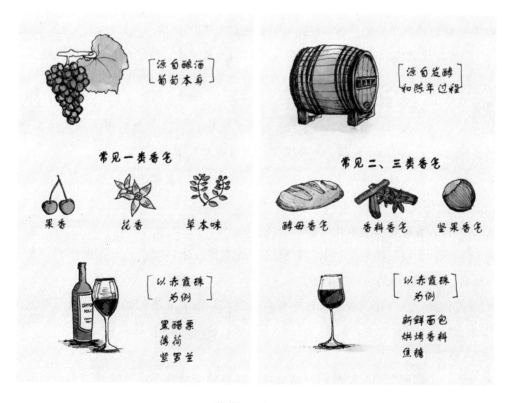

葡萄酒香气分类

（图片来源：http://blog.sina.com.cn/s/blog_15e76fed10102y9rg.html.）

四、有缺陷的异味

除了正面香气，一些劣质的或已腐坏的葡萄酒可能会存在异味，通过对这些异味的鉴别和记录可以展示样品酒的质量优劣程度。

（一）还原味

- 还原味：在装瓶过早或还原程度过强等还原条件下产生的一系列不良气味，甚至是臭味。

- 光照味（太阳味等）：也指还原味。因为光会增强这些不良气味。

- 硫化味（硫化氢味、臭鸡蛋味）：也指还原味。因为还原味主要是由硫化物引起的：当其浓度不到1mg/L时就能在品尝中感觉到它的不良气味；当硫化氢的衍生物高于0.7mg/L时，则往往具有明显的还原味。

- 大蒜臭味（汗臭味、恶臭、腐臭味等）：严重的还原味。

（二）氧化味

- 氧化味：氧化的葡萄酒所具有的不良气味。

- 失衡味道：由于分离、过滤、运输等造成的葡萄酒短期与氧接触而产生的氧化反应，使其香气浓度、优雅度以及果香下降。但在葡萄酒与氧隔绝，特别是在有二氧化硫参与的情况下，氧及由氧带来的后果都会消失。即在静止"休养"后，葡萄酒可以恢复其原有的清新感。

- 坏水果味：由于泵送及不良的装瓶等引起的强烈通气使葡萄酒游离乙醛含量升高，这样的葡萄酒具有腐烂的水果味，有的还具有苦巴旦杏气味。

- 腐烂味、霉变味：霉变原料酿成的新葡萄酒对空气非常敏感，主要是酚类物质的酶氧化，使葡萄酒变浑，而且具有醌类气味。

- 水煮味：含酸量低的氧化葡萄酒所具有的不良气味。

- 哈喇味：含酸量高的氧化葡萄酒所具有的不良气味（当应该具清新感的葡萄酒具有了哈喇味时，哈喇味就是一种缺陷了）。

- 马德拉味：在木桶或在不密封的瓶内与空气接触下成熟的葡萄酒，以及衰老的葡萄酒，其颜色变黄，甚至变为棕褐色，口感干硬，而气味有些像马德拉葡萄酒。

（三）醋酸味

- 酸败：由醋酸菌引起醋酸病的葡萄酒所具有的刺激性不良气味（以形成过量的醋酸和醋酸乙酯等挥发酸为特征），破坏葡萄酒香气的清爽和纯正感。

- 辛辣：一种强烈的刺激性气味或味道，在气味和味道上都具有粗糙感。

（四）其他异味

这些异味大多为葡萄及葡萄酒从环境中吸收，并在葡萄酒中重新表现出来的不良气味。

最主要的是"霉味"，它们都是霉变葡萄原料或葡萄酒厂环境、贮藏容器、酿酒设备上的各种霉变的气味。分为下列 5 类：

- 霉味、腐烂味、真菌味。
- 酚味、碘味、药味。由霉变葡萄原料带来的气味。
- 烂木叶、木塞味。源于不良的木桶和软木塞。
- 哈喇霉味，这是最让人难受的气味。
- 类似蒿类的、具植物特征的、持续不散的霉味。

除上述异味外，还存在着如烟味、油漆味、木塞味等其他的不良气味。

五、香气整体质量的描述

（一）优雅度

如果一种葡萄酒的气味令人舒适、和谐，它就是优雅、怡悦的。优雅的陈年葡萄酒以浓郁、舒适、和谐的醇香为特征；新酿葡萄酒的优雅则以花香和成熟的水果香气为基础，可用花香、果香来形容。相反的词汇有：欠优雅、粗糙、低劣等。

（二）纯正度

用纯正、完好、明快形容葡萄酒的香气具有良好的"健康"状况，表示无任何异味。类似的词汇还包括：典型，果香、花香、酒香、醇香，别致。别致形容给人以深刻的印象，具有馥郁、罕见、性格等质量特征，即具有个性和风格。相对的词汇包括模糊、不清爽、病态、变质、低劣、粗糙等形容葡萄酒具有不良的香气状况，表示有异味。

（三）浓郁度

浓郁形容香气浓厚、完整、芳香。绵长用来形容在口中表现的、充满口腔且在葡萄酒被咽下后依然存在的香气，所以绵长主要用于形容芳香持久的葡萄酒。平淡用来形容香气淡，或不具香气。类似的词汇还包括：单调、无味、淡弱、失香、凋萎、衰老。未成熟用来描述封闭或者未开启的葡萄酒，品尝时还不能表现出其香气，即它还未成熟，或在瓶内成熟的时间过短。

第六节　葡萄酒的口感鉴赏

一、品尝方法

品尝酒样时，轻轻向口中吸入酒液，并控制吸入的酒量，使葡萄酒均匀地分布在舌头表面，然后将葡萄酒控制在口腔前部。为使品尝的不同酒样有可比性，每次吸入的酒量应一致

（6～10mL）。注意吸入的酒量不能过多或过少，过多很难在口腔内进行控制，过少则不能湿润口腔和舌头的表面。酒液进入口腔后，利用舌头和面部肌肉的运动，搅动葡萄酒；或将口微张，轻轻地向内吸气，这样可使葡萄酒的香气通过鼻咽通路得到感知。为了全面分析葡萄酒的口感变化，应将葡萄酒在口内保留 12s。咽下少量葡萄酒，将其余部分吐掉，以鉴别尾味（余味）。在结束前一个酒样后，应停留一段时间，只有当这个酒样引起的感觉消失后，才能品尝下一个酒样。

二、口味口感细节描述

由于每款酒都会因原料品种和酿造方法的不同，造成酒中残糖、酸、单宁、酒精等各种物质含量存在差异，从而导致不同的酒具有不同的甜度、酸度、苦涩感和醇厚感，融合后又呈现出各种不同层次的口味。下面列出不同物质含量影响的口感描述评语。

成分评语平衡状态	甜	酸	单宁	酒精	柔软指数
不够	优雅爽干	平淡 乏味 软弱	无力收缩的 不定形的	淡的（寡、弱、薄）	辛辣的 发干的
可能平衡	甜 圆润 柔软 肥硕	爽利（清新） 凉爽的 诱惑力的 强烈的 易激动的	好吃的 可口的 含单宁的 涩口的	一般的 热的 醇厚 厚重 醇浓	硬的 坚实的 融合的 圆厚的 脂滑的 油腻的
过多	浓重 甜淡 甜腻	微酸 酸涩 尖酸 发青 消瘦 枯燥 味短 瘦弱 生硬 粗涩 辛辣 酸败（挥发性酸）	浸渍 滞重 粗重 涩的 收敛的	热的 灼口的 灼热辣燥	糊状的

（一）关于甜味的描述

● 甜：表示由葡萄酒中的糖、酒精、甘油等引起的甜味。

● 圆润：表示由甜引起的令人舒适、和谐的总体印象。所以，即使红葡萄酒中几乎不含糖，如果其他物质的甜味能够与酸、单宁的味感相平衡，或可掩盖酸和单宁的味感，则该红葡萄酒也可用圆润来形容。

● 柔软：表示柔顺、顺口，有韧性和可塑性。柔软的葡萄酒在口感上不冲撞口腔，顺从舌头的运动。柔软的葡萄酒与较低酸度、含量适中的多酚类相联系。

● 肥硕：表示葡萄酒充满口腔，既醇厚又柔软。葡萄酒的肥硕程度主要取决于葡萄原料良好的成熟度，并与酒度相联系，确切地讲，因葡萄酒的结构不同，便存在着与之相适应的最佳酒度。但低于10%（体积分数）的葡萄酒，不会具有肥硕等优质葡萄酒特征。有同样含义的词汇还有融合、流畅、柔和等。

描述不平衡的、过强的、甜味的词汇还有浓重、甜淡、甜腻等。

（二）关于酒度的描述

● 醇浓：表示由酒精引起的热感及令人舒适的苛性感。它可以补充葡萄酒本身的味感，并与其他质量特性相融合。醇浓是所有发酵产品的共同特性。醇浓性在酒度高于11%时才能明显表现出来。此外，高级醇、琥珀酸、酯类等参与醇浓性的构成。

● 醇厚：酒度很高但平衡和谐。

● 淡寡：好像被稀释了一样，缺乏醇浓和其他特性的葡萄酒。

● 淡弱：酒度低、口味淡。

● 淡薄：淡薄而不平衡，缺乏质量（酒度和结构）。

● 热：由较高酒度引起的热感。

● 灼热燥辣：由过高酒度引起的强烈的热感和苛性感。

（三）关于酸的描述

1. 形容平衡的感觉的词汇

● 爽利（清新）：葡萄酒令人舒适的酸感，可在口中留下清凉微酸的感觉。

2. 形容不平衡的感觉的词汇

（1）形容酸度过强引起的直接感觉的词汇

● 微酸：令人不太愉快但仍可接受的酸味。

● 酸涩：生硬使人难受的酸味占主导地位，而且还带涩味。通常源于未成熟的葡萄。

● 尖酸：很酸并磣牙。生硬的酸，带有粗糙感，主要在后味上表现出酸味。它不能给人以舒适的感觉。如粗糙、刺口、粗劣等，也是由于对酸的感知而形成的印象。

（2）形容酸度过低的词汇

柔弱、乏味、平淡、略咸等是用来形容酸度过低引起的口感的词汇。平淡的葡萄酒与柔弱的葡萄酒相似，但味更寡，通常是缺乏酸度和香气的劣质葡萄酒。pH过高（如接近4）的葡萄酒，通常具咸味。降酸幅度过大通常会带来这一缺陷。

（3）由酸度过高、过低而引起不平衡的感觉的词汇

由于酸与其他成分的不平衡，可引起消瘦、枯燥、味短、瘦弱、生硬、粗涩等感觉，这些都是酸度过高而引起的感官特征。

（4）形容挥发酸引起的酸感的词汇

● 辛辣：一种强烈的刺激性气味或味道，在气味和味道上都具有粗糙感。它与涩味相近，但涩味只在口腔中表现出粗糙感。

● 酸败（发酸）：形容挥发酸引起的酸感。它在口感上和气味上都表现出酸的感觉。酸败以及略发酸、微发酸等是同义词。

（四）苦味与涩味的描述

● 苦：一种基本味觉，可由单宁、奎宁、辛可宁、咖啡因以及一些杂糖苷等许多物质引起。

● 辛辣、滞重：被认为是苦的令人难受的变化。

● 金属味：一些高单宁含量的葡萄酒，还可表现出金属味。如一些赤霞珠葡萄酒表现出的"胶套味"，虽然它并不含锡。

● 高单宁：葡萄酒中的高单宁含量被称为高单宁，它们通常具有涩味；单宁过高可使葡萄酒生硬、粗糙、滞重。

● 粗重：高单宁而色深的葡萄酒。

● 涩味：在口腔中引起的干燥和粗糙的感觉。

● 收敛性：舌头滑动受阻碍，使舌头表面变粗糙，分泌作用停止，使组织变硬。由于单宁与口腔的唾液蛋白、糖肮结合，使它们失去对口腔的润滑作用，并能引起舌的上皮组织收缩，产生干燥的感觉。浸渍味、皮渣味、果梗味等词汇专用于表示涩味（收敛性）这一感觉并被用来形容高单宁葡萄酒。

● 浸渍味：形容浸渍过强的葡萄酒。

● 皮渣味、果梗味：形容具有皮渣、果梗味的葡萄酒。

● 木味和木桶单宁味：木桶可使葡萄酒具有过高的单宁，因此有木味和木桶单宁味等。如果白葡萄酒在木桶内贮藏时间过长，虽然溶解的单宁不超过200mg/L，也可具有木桶单宁味。

● 塑料味：用于形容同时具有苦味、涩味和清爽感的葡萄酒。

（五）二氧化碳引起口感的描述

● 充气葡萄酒：形容葡萄酒中的二氧化碳含量高得不正常，就好像人为充气了似的。这类葡萄酒必须经过除气处理。

● 气泡葡萄酒：形容葡萄酒被二氧化碳所饱和，但在瓶内不产生压力。这类葡萄酒在酒杯内最多能在液面沿杯壁形成一圈泡环，可引起舌尖的针刺感。

● 冒泡葡萄酒：形容葡萄酒不仅为二氧化碳所饱和，而且可在瓶内产生压力。这类葡萄酒不仅会产生泡沫，而且具二氧化碳的杀口感。冒泡葡萄酒包括葡萄汽酒（二氧化碳气压为 1.0 ~ 2.5bar）、开姆酒（二氧化碳气压为 2.6 ~ 3.5bar）和起泡葡萄酒（二氧化碳气压为 3.5 ~ 6.0bar）。对于起泡葡萄酒，22 ~ 24g/L 的糖经酒精发酵后所产生的二氧化碳气压为 5 ~ 6bar。

注：1bar = 0.1MPa。

三、滋味整体结构的描述

品尝员在口中搅动并用舌头接触葡萄酒时，会将所获得的感觉看作是与体积、形状及厚度等相似的印象进行描述。葡萄酒最佳的形状是"球状"，它代表葡萄酒具有良好平衡的立体。但是，葡萄酒的立体感较复杂，葡萄酒一入口所表现的形态并不是固定的，随着感觉的发展，它会发生变化。我们可以根据葡萄酒在口中的形状的变化来评价葡萄酒。可用很多词汇来形容这一想象的但却是实在的形状概念，包括区别和描述葡萄酒的大小、形状、厚实度以及平衡等印象。形容厚实的葡萄酒的词汇包括：丰满、有骨架、完全、浓重、有结构感、肥硕等；相反，形容成分不够、缺乏筋肉的葡萄酒的主要词汇有：薄、干瘪、干硬、瘦弱等。可以说，一种劣质葡萄酒具有几乎所有的缺陷，如缺乏肥硕、圆润、筋骨、优雅等。相反，一种优质葡萄酒可具有几乎所有的优点，很多特性都可以或强或弱地表现出来。其他形容滋味结构的词汇及含义解释如下：

● 不均匀：形容葡萄酒在口中的形状被分成几块，或者开始是一种样子，结束时又是另一种样子，则葡萄酒的口感就会不均匀。

● 味长：如果葡萄酒开始时的球状保持时间长，其味长。

● 味短：如果葡萄酒在口中的这一球状变化较快，则味短。

● 厚实：厚实表示品尝员口腔接触葡萄酒感知到的葡萄酒的坚实性，表示具有筋肉、具有硬度。筋肉与多酚、酒精、干物质含量和一般结构相联系，但也受其他物质的影响。如果将一瓶好葡萄酒与掺有 5% ~ 10% 水的同样的酒进行比较，就可以理解厚实的含义，好葡萄酒有筋肉、丰满、充满口腔。

● 和谐：如果葡萄酒的结构良好，则和谐。

● 消瘦、干枯、解体：不平衡或不和谐的葡萄酒。

● 流畅、滑润：形容葡萄酒与舌头接触时形成的流畅、润滑的表面印象。类似的词汇还包括柔和、柔软、圆润、融合等。

● 粗糙、生硬、刺口：形容葡萄酒与舌头接触时形成的不流动的表面印象。类似的词汇还包括坚硬、僵直、黏稠、油状等。

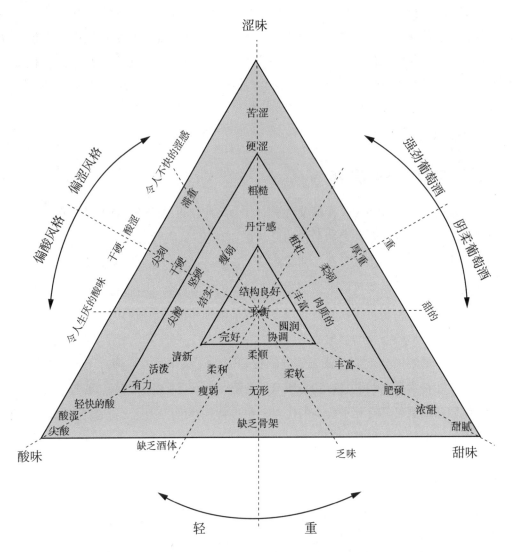

葡萄酒甜、酸、苦涩平衡描述简图（图中每点具有不同的甜、酸和涩味，
该点到正三角形各条边的垂直距离即为该点味感强度）

（图片来源：http://www.winechina.com/html/2004/03/2004031080.html.）

第七节　葡萄酒的品评标准

综合上述对葡萄酒不同风格的色、香、味的描述，总结出葡萄酒品尝的综合评语，具体如下表所示。

葡萄酒品尝的综合评语
（参考郭其昌《葡萄酒品尝法》）

		观色	
颜色	白葡萄酒	浅黄—淡黄（带绿色调）—浅绿色—禾秆黄—金黄—琥珀色—棕黄—栗色	
	桃红葡萄酒	浅黄（浅或深）—转棕的桃红色（深或浅）—淡紫洋葱皮红—琥珀色（趋于橘黄或栗色）	
	红葡萄酒	浅红—宝石红—深红（有紫色调）—砖红—石榴红—棕红	
透明度		浑浊加沉淀—浑浊—不清晰—失光—微失光—透明—透明发亮—晶莹清澈（有沉淀或无沉淀）晶亮	
流动性		流动性的—稠密的—浓厚的—油状的—黏稠的	
持泡性		持久的—连续的—迅速或缓慢形成的—大气泡或小气泡	

		嗅香	
气味	强度	果香或酒香	无—很弱—弱—有点弱—中等—足够香—香—很香—极香
	质量	很好—好	高贵—优雅—优美　原生的—普通的—通俗的—粗劣的
		令人愉快的—令人讨厌的—沉闷的　单一的—丰满的—复杂的	
	特性	花味的—果味的—植物性（青草味、椰子味）　新酒或陈酿过的酒	
		动物性的—香辛佐料和香料—干果或煮果味—蜂蜜—咖啡—烟等	
香味或者特殊气味		二氧化硫—硫化氢—硫醇　变质—氧化—青草味　苯酚味—腐烂味—发霉味	
		醋味—酒变味的特征—变酸—醋酸乙酯　木头味—瓶塞味	

		尝味		
	成分评语平衡	酸	单宁	酒精	柔软指数
与平衡状态有关的主要品尝感觉	不够	平淡 软弱	无力收缩的 不定形的	弱的	辛辣的 发干的
	可能平衡	凉爽的 诱惑力的 强烈的 易激动的	好吃的 可口的 含单宁的 涩口的	淡的（寡、弱、薄） 一般的 热的	硬的 坚实的 融合的 圆厚的 脂滑的 油腻的
	过多	发青的 很发青的	涩的 收敛的	热的 灼口的 灼热辣燥	糊状的

尝味		
芳香特性	强度 质量 特性	同嗅香
特殊味道	二氧化硫—硫化氮—硫醇—皮渣味 含苯酚的—腐烂味的—霉味 醋味—乳酸味—酒变味（变质）的特征—挥发性的—变酸 酒桶味—水泥的干燥味—涂料味 青草味—腐败味 氧化味—变质—青草味 木头味—木塞味—滤纸味—胶皮味 其他异味	
平衡状态 的评价	瘦的—贫乏的—严重的—尖刻的（酸＋单宁—低柔软指数） 剧烈的—刺激神经的—生硬的（主要是酸—缺少柔软指数） 柔顺的—温柔的—薄的—无东西的—轻微的（含单宁不足） 浑厚的—肥硕的（柔软指数比酸多—平衡的单宁） 醇厚的—密实的（主要是单宁和酒精） 发干的—酸涩的（单宁和酸—缺少柔软指数） 雄浑的葡萄酒—温柔、绵软的葡萄酒（单宁为主—柔软指数为主） 淡的—（酸为主—柔软指数平附—单宁缺少） 浓厚的（酸和柔软指数为主—单宁缺少） 新葡萄酒—保祖利酒—新鲜的—成熟的—处丰满状态的酒—达到最佳状态的酒 过时的—陈旧的—陈坏的—氧化的酒	
味持值	以秒为单位的芳香	很长—长—中等—短—很短
后味	纯净的—不纯净的—不干净的—苦的等	
总体判断	和谐：很和谐—和谐—缺少和谐	
	评判等级：很好—好—可以—中等—勉强及格—坏—很坏	

一、品评述语

葡萄酒的品评就是利用感官对葡萄酒进行观察、描述，并与已知的标准进行比较，对品尝结果进行分析，最后对所品尝的葡萄酒的质量给出评语，作出评价。所以作出品评述语是品尝过程中很重要的一环，是对所品尝的葡萄酒的最后总结。品评述语为进一步的工作如改进工艺、提高质量等指明了方向。

品评述语必须清楚、准确。首先描述外观，然后依次描述气味、口感，最后给出综合评价。评语可简可详，这决定于品尝的目的和索要评语的对象。如对于分析品尝，旨在对葡萄酒的感官特性进行全面分析，品尝后必须给出详细的（即全面的）评语。下面列出针对某款干红葡萄酒的3种评语的描述。

● 简略评语：色深；成熟果香，烟熏、黑加仑；丰满舒适。

● 正常评语：深宝石红色，色泽美丽；香气纯正，具成熟果香，带黑加仑及甘草香气，入口圆润，后味微苦涩、粗硬，芳香持续较长。属优良的赤霞珠干红葡萄酒，并可在瓶内陈酿。

● 详细评语：深宝石红色，澄清透明，具有赤霞珠葡萄酒的正常色泽，但更为典雅。非常光亮，且在杯内壁上留下一些酒柱。香气纯正、舒适，以果香为主，带有醇香，较为浓郁。具有品种的典型性，似成熟果香，特别是黑加仑果香，以及在成熟过程中形成的烟熏、甘草香气，微有木桶香气，但气味较沉闷。入口圆润，微热，在口腔中发展良好，舒适、柔和、丰满，圆润感一直持续至后味。由于适宜的酸度，还具有清爽感。单宁使后味微硬带苦涩。该酒酒度与酸和单宁的平衡良好、和谐。在口腔中表现出相同的香气，但更为浓郁，特别是甘草、木桶香气更为突出。香气持续较长，但并不掩盖口感的持续性。总之，该酒为优良的赤霞珠干红葡萄酒，其突出特征是较高的酒度与酸和单宁的良好平衡，使它具有良好的结构。但它的醇香略淡，陈酿特别是瓶内陈酿时间过短，该酒的得分为16/20，评价：优良。

二、按具体产品品评

（一）红葡萄酒

鉴赏红葡萄酒，首先观赏红葡萄酒的颜色。红葡萄酒的颜色丰富多彩，包括所有红色，如紫红色、宝石红色、暗红色、深红色或黑红色、鲜红色、瓦红色等。不同的红葡萄品种酿成的红葡萄酒，颜色有所差异，如赤霞珠、蛇龙珠、品丽珠等葡萄酿成的红葡萄酒是鲜艳的红宝石色，北醇、公酿一号和山葡萄酿成的葡萄酒是紫红色。红葡萄酒的颜色随着贮藏时间的延长也不断发生变化，新酿成的红葡萄酒颜色通常为鲜红色或紫红色，贮藏过程中红葡萄酒的黄色色调逐渐增加，使得葡萄酒呈现砖红色和棕红色。

鼻子是试酒时最敏感的器官。鼻闻的气息和口尝的味道关系密切，口腔感觉会进一步证实鼻闻的结果。注意闻酒前最好先呼吸一口室外的新鲜空气，闻酒时应短促地轻闻几下，不可长长地深吸。第一步是在杯中的酒面静止状态下，闻到的香气比较幽雅清淡，是葡萄酒中扩散最强的那一部分香气；第二步闻到的香气更饱满、更充沛、更浓郁，能够比较真实、准确地反映葡萄酒的内在质量。一般可把红葡萄酒的香气分为果香、酒香、橡木香，对一款优质的红葡萄酒来说，诸香要协调，橡木香应处于次要的地位，既要有橡木香，又不引人注意。不同工艺酿造的红葡萄酒具有不同的闻香标准。按新工艺酿造的果香型红葡萄酒，生产周期很短，不要求木桶贮藏，产品要求果香浓郁、新鲜、怡悦；按传统工艺酿造的红葡萄酒，需要在橡木桶里贮藏2~3年，然后经过几年的瓶贮，葡萄酒的果香转变成醇香或陈酿香，对这样的红葡萄酒，要求诸香平衡、馥郁、优雅，有个性、有特点。

红葡萄酒在观色闻香以后，就开始品尝阶段，这也是鉴赏红葡萄酒最重要的阶段。葡萄酒中的呈味物质有几百种，所以品尝红葡萄酒的滋味，也是千变万化、千差万别的。但是，优质红葡萄酒的口感应该是均衡的、和谐的、厚实的、刚健的，就像一部优美的乐章。在口味上红葡萄酒与白葡萄酒的最大区别是红葡萄酒单宁、色素等多酚类化合物的含量高、涩味重。酒在咽下后很长一段时间里，舌根及咽部周围还有收敛性感觉，这是白葡萄酒所没有的。

把口腔中的葡萄酒咽下以后，口腔里留有葡萄酒的余味。余味的长短和舒适程度也是鉴别葡萄酒质量的重要方面。品尝者可以安静地体会奇妙的酒香、滋味和特性：协调、醇和、甘冽、细腻、丰满、绵延、纯正，令人回味无穷。

（二）白葡萄酒

白葡萄酒是采用白葡萄品种或去皮的红葡萄品种酿制而成的，霞多丽、长相思、雷司令、灰皮诺、琼瑶浆和莫斯卡托等都属于常见的白葡萄品种。白葡萄酒酒体颜色以黄色为主，一般新白葡萄酒为近似无色、浅黄色、浅绿黄色。白葡萄酒的颜色逐年变深，经过正常陈酿的白葡萄酒呈禾杆黄色、浅金黄色、金黄色、暗黄色或深黄色。但不论颜色深浅，酒体本身应该是清澈明亮、令人愉悦的。

白葡萄酒的试饮温度比红葡萄酒低，因为它的酸度比较高，且以清爽酸涩的口感和果香为特色，温度高了酸味会过重，一般以8~12℃为宜。白葡萄酒香味有：花香、果香（白果）、植物类香、矿物质类香、食物类香、坚果类香等，年轻丰满的白葡萄酒经常在陈放老熟的过程中生成类似黄油的香气，进而逐渐发展出馥郁的榛子、杏仁和烤面包的香气。白葡萄酒通常比较容易出现甜和酸的味道，各种果香伴随着酒液在入口时逐步绽放，相对于红葡萄酒，白葡萄酒夹杂着酸的口感，少些红葡萄酒单宁的涩味。白葡萄酒中适量的酸味物质是构成白葡萄酒爽利、清新等口感特征的要素。

白葡萄酒通常不适合贮存，讲究喝时新鲜爽口。因为白葡萄酒中单宁含量较少，存放久了酒体和风味反而木讷、拖沓，甚至完全丧失活力。当然也有些非常顶级的白葡萄酒在发酵后，需要移入橡木桶中贮存，因为橡木桶会赋予它生命力、气味及个性，使酒质更具风格。需要陈年过渡到适饮期的主要包括高品质的霞多丽葡萄酒、雷司令葡萄酒、甜白葡萄酒和好年份的香槟，陈年可以让它们的口感更复杂、丰富又不失细腻劲道，这一点很像红葡萄酒的陈年效果。

（三）桃红葡萄酒

桃红葡萄酒颜色介于红葡萄酒和白葡萄酒之间，既没有红葡萄酒那么深沉，也没有白葡萄酒那么清透。桃红葡萄酒带有少量红色素，因所用葡萄品种、酿造方法和陈酿方法等不同而有很大差别，以玫瑰红色为主，包括黄玫瑰红色、玫瑰红色、橘红色、紫玫瑰红色等。新鲜的桃红葡萄酒呈现深浅不同的桃红色，陈酿过程中，其颜色不断加深，变为砖黄桃红色、棕橙色。但桃红葡萄酒具有陈年能力的极少，一般都适合在新鲜酿制时饮用，酿制时间越短越清新爽口。

桃红葡萄酒不但颜色介于红、白葡萄酒之间，味道也是如此，既拥有白葡萄酒的清爽，又兼具红葡萄酒的浓郁果香，同时避免了白葡萄酒后味淡的不足，以及红葡萄酒的涩口感觉。桃红葡萄酒主要以新鲜、清新的水果香为主。歌海娜、丹魄、黑皮诺、赤霞珠、西拉等，几乎每一种红色葡萄品种都可以用来酿造桃红葡萄酒。而品种不同，酿出来的葡萄酒风格也不尽相同，比如歌海娜桃红葡萄酒，颜色较浅，香气十分浓郁，酒精度较高，有时会带有丝丝甜味；赤霞珠桃红葡萄酒颜色较深，散发着柑橘、皮革、烟草和胡椒味，口感清新脆爽；西拉桃红葡萄酒颜色较深，口感较饱满，带有李子、干浆果、蓝莓等水果味，还散发着烟草和辛香味；黑皮诺桃红葡萄酒有草莓和西瓜味，口感上酸爽适宜；丹魄桃红葡萄酒更为辛辣，但仍带有清新的浆果气息和迷人花香，有时会带有明显的青椒味。

（四）冰葡萄酒

冰葡萄酒是将葡萄推迟采收，当气温低于 -7℃ 使葡萄在树枝上保持一定时间，结冰、采收，在结冰状态下压榨，发酵，酿制而成的葡萄酒（在生产过程中不允许外加糖源）。世界上传统的冰葡萄酒生产国有：加拿大、德国和奥地利等。在加拿大，典型的冰葡萄酒一般用威代尔和雷司令葡萄品种酿造，而德国主要采用雷司令。冰葡萄酒最早产于德国，但以加拿大的冰葡萄酒最负盛名，加拿大酒商质量联盟组织（VQA）对冰葡萄酒的定义是：在天然的环境中，将葡萄保留在藤上，在 -8℃ 下结冰，用手工采收，经过压榨、发酵酿造出的葡萄酒，不得添加任何添加物。

冰葡萄酒是一种高档甜型葡萄酒，分为冰白和冰红两种。冰红呈酒红色，酒质醇厚，口感隽永，并有青草味、黑加仑子和桑葚的果味，适宜在室温（一般为 $12\sim18$℃）下饮用。用于酿造冰红酒的葡萄品种一般有赤霞珠、黑比诺、品丽珠等。冰白酒色金黄，酒质清凉，口感清爽，散发出蜂蜜、杏仁、桃、芒果、密瓜等水果香味。冰白酒宜冷饮，具体的温度视酒质而定，一般 $4\sim10$℃ 比较合适，温度太低会影响酒香的挥发。冰白酒采用白葡萄品种酿造，常见的有维黛儿和雷司令。目前世界上用来酿造冰葡萄酒的葡萄品种主要有威代尔、雷司令、解百纳、赤霞珠、品丽珠、琼瑶浆、霞多丽等。

（五）起泡酒

起泡酒即起泡葡萄酒，是世界上最具技术含量的葡萄酒。起泡酒酿造的特别之处在于它不仅经过初次发酵形成酒精，还要利用二次发酵制作出起泡酒特有的"泡泡"，而且必须是天然发酵产生二氧化碳的葡萄酒才能叫起泡酒，至于人工后加气的葡萄酒则不能被称为起泡酒，只能叫汽酒。在整个酿酒过程中，酿酒师可以根据自己的喜好和习惯作出不同的选择，从而决定起泡酒最终的口感和风味。起泡酒的酿造方法大致可以分为瓶中发酵法和罐中发酵法两大类。"瓶中发酵法"以香槟为代表，此种方法酿造的香槟或者起泡酒，气泡细腻，香气和口感复杂，由于投入成本较高，价格也偏高；另外一种便是"罐中发酵法"，由于省去了手工摇瓶、除渣、补充新酒的复杂工序，价格相对便宜。起泡酒通常是白色或粉红色，不过也有很多红色起泡酒。起泡酒可根据糖含量分为干型、甜型等不同等级，其主要产地有法国、西班牙、意大利和德国。下面介绍几种著名的起泡葡萄酒。

起泡酒的经典代表是香槟酒，不过香槟专指产于法国香槟地区的葡萄酒。酿造香槟的葡萄品种有 3 种：白葡萄品种霞多丽、红葡萄品种黑皮诺和莫尼耶皮诺。霞多丽酿造的香槟口感清爽、优雅，有时还带有轻微的酸橙、柠檬和热带水果的气息；黑皮诺酿造的香槟结构感强，美味可口，带有红色浆果的风味；莫尼耶皮诺酿造的香槟口感略粗糙，但层次丰富，还有草本植物的香味。卡瓦是产自西班牙的起泡酒。卡瓦起泡酒尽管与香槟的酿造方法相同，但却呈现出与香槟不同的风味，主要原因是其采用了不同的葡萄品种来酿酒。一般来说，常用来酿造卡瓦的三大葡萄品种是马家婆、帕雷亚达和沙雷洛，这 3 种都是白葡萄品种。卡瓦是偏干的一款起泡酒，马家婆为其增添了水果香，帕雷亚达为其提供必要的酸度，沙雷洛则为卡瓦带来了矿物质味。所以，卡瓦带有淡淡的泥土味道，以及青苹果、青草和矿物质的芳香。普罗塞克是产自意大利的起泡酒，近年来风靡全球。不过，这款起泡酒的酿造方法与香槟和卡瓦不同，它不是采用传统的"香槟法"（瓶中发酵法），而是采用查玛法（罐中发酵法）酿造。普罗塞克的特点是起泡比较大，气泡在舌尖炸裂开来，能给口腔带来强烈的刺激感；口感结构比较简单；有果香味及香甜的气息，这主要是普罗塞克葡萄（酿造普罗塞克起泡酒的主要葡萄品种）带来的。

第四章

葡萄酒酿造过程中的质量和安全控制

第一节　原料的质量和安全控制

俗话说，葡萄酒七分原料、三分酿造。也就是说，酿酒葡萄的品质和风格是影响成品葡萄酒品质最重要的因素，不同的葡萄品种会赋予葡萄酒独特的品质与味道。当然，能够影响葡萄酒味道、香气和口感的因素不是只有葡萄品种，葡萄自身的质量更是酿制高品质葡萄酒的关键，健康、未被污染及未受病菌侵蚀的葡萄酿出的酒，产生异味的机会远比低质、受到污染或被病菌侵蚀的葡萄少得多。

一、葡萄的栽培

高品质的葡萄来自优质的葡萄园，葡萄园决定葡萄的品质和风格，同一品种在不同的产地可表现出完全不同的风格。葡萄生长的环境，包括所在地区的地理位置、气候特征、土壤成分及葡萄园的排水性、朝向、坡度、风势、有无阻挡物等自然因素影响着葡萄的品质及特性，同一葡萄品种在不同生长环境中会有明显的差异，酿造出的成品酒的风格和口味也会有很大的不同。虽然自然因素起了重要作用，但人为因素，即与自然因素相适应的栽培管理措施也是影响葡萄品质的重要因素。人们借助科学技术，可以对地理环境进行合理的调整及改进，比如建人造防风林、引进灌溉系统等，土质及土壤成分也需要不断地维护；而葡萄的修枝、篱架和枝叶密度调整等栽种手法更影响到葡萄的品质和成熟进程。葡萄种植与管理的优劣，直接影响葡萄的质量，进而影响葡萄酒的品质。

我国酿酒葡萄种植区域主要集中在吉林通化、环渤海湾、怀涿盆地、山西清徐、宁夏银川、甘肃武威、新疆吐鲁番、新疆石河子、云南弥勒以及黄河故道等著名产区。虽然我国南方葡萄生长季节长，葡萄发芽早、成熟早，但气候高温、高湿、多雨，低温不足，发芽不齐，病虫害严重。同样，即便是在北方，如果阴雨连绵、空气湿度大，葡萄架枝叶过密、果穗留量太多、通风透气透光差，也容易出现霜霉病、白腐病、灰霉病等，造成烂果，危害严重。为避免葡萄生长后期出现烂果现象，人们常大量使用化学农药，不仅造成葡萄农药残留量超标，还对环境造成污染。

葡萄的源头污染主要是农用化学物质污染和工业污染。农用化学物质污染主要包括农药、化肥等。不合理地使用农药不但会对农作物有一定的危害作用，还会对环境造成污染，导致害虫产生抗药性、防治成本提高、葡萄农药残留超标。波尔多液是葡萄种植时常用的农药，如果使用不当可使铜离子超标，还会引起酒的电荷变化，从而影响葡萄酒的质量稳定。剧毒及重残留的有机磷农药，如乐果、敌敌畏等，因其致癌性已被国家明令限制使用。六六六、滴滴涕一类的有机氯农药，国内已不允许生产销售，但由于早些年的普遍使用，给土壤造成的农药残留极难分解，长期累积导致药害成分可以通过土壤进入葡萄果实中。随着社会发展以及工业化进程的加快，环境污染日益严重，工业"三废"的排放对葡萄种植环境的影响不容忽视。工业污染主要包括土壤污染（重金属、有机物如多氯联苯等）、水源污染（藻类毒素、贝类毒素等）和大气污染。因此葡萄栽培基地必须选择在生态环境较好，区域内及上风向、灌溉水源上游不存在对种植环境构成威胁的污染源，包括工业"三废"、农业废弃物、医院污水及废弃物、城市垃圾和生活污水等。对土壤重金属背景值高的区域不能作为酿酒用葡萄的理想产地。

要使葡萄生长健壮，多开花、多结果，就要勤施肥，但是要科学施肥。正确施用有机肥或无机复合肥，能增强果树对多种病虫害的抵抗能力，然而氮肥过多、磷钾及微肥不足、土壤积水也会促使病虫害发生，造成烂果。

二、病虫害

葡萄一般采用棚架栽培，生长环境密闭，挂果距离地面近，果穗的生长环境相对而言是高温多湿环境，加上葡萄属于浆果，果实含水量和糖含量都比较高，更加容易招引病虫。近年来，由于葡萄生产迅速发展，种植面积不断增大，品种逐年增加，农田生态环境改变，葡萄病虫害种类也随之增多，直接影响葡萄的产量和品质。葡萄病虫害种类繁多，主要包括两大类：（1）果实病虫害：葡萄黑痘病、白腐病、房枯病、炭疽病和灰霉病；（2）叶部和根部病虫害：根癌病菌、葡萄霜霉病菌、葡萄白粉病、葡萄褐斑病、绿盲蝽以及葡萄天蛾、琉璃丽金龟、豆兰丽金龟等引起的病虫害。葡萄病虫害是一种自然灾害，发生规律复杂，给防治工作带来较大困难，特别是在多雨地区或遭遇多雨年份的地区，常造成病害猖獗流行，给葡萄生产带来重大损失。使用农药防治病虫害是普遍采用的方法，这些农药（包括杀菌剂、杀虫剂和除草剂等）首先进入葡萄果实中，然后通过发酵进入葡萄酒中。由于葡萄田间管理不规范，过量农药包括杀虫剂、杀菌剂和除草剂等的使用，导致部分酿酒葡萄果实中农药残留量过高，给我国葡萄酒的质量安全带来巨大隐患。

"预防为主，综合防治"是葡萄病虫害防治的基本原则。选择适宜的立地条件和抗病品种，严格植物检疫，苗木消毒处理。在葡萄种植中，随时观察疫情发生动态，做到提前预防。冬季清园降低果园病虫越冬基数，合理修剪，增施有机肥；夏季合理间作，再配合适当的化学防治，就能基本上控制病虫害发生。总之，综合防治要以农业防治为基础，同时，因地制宜，合理运用化学农药防治、生物防治、物理防治等措施，经济、安全、有效地控制病虫害，以达到提高产量、质量，保护环境和人民健康的目的。

国内酿酒葡萄种植基地大部分采用"公司＋基地＋农户"模式，葡萄多数由农户分散种植，缺乏统一管理标准及规范。同地区、同品种整形多样化、修剪水平不一、农药使用混乱，造成同一地区酿酒葡萄品质参差不齐，葡萄品质异质化现象严重。当前葡萄病虫害防治存在的主要问题包括：（1）病虫害诊断不清，不能对症施药，头痛医头，脚痛医脚，不能按病虫害发生规律科学用药；（2）药剂多、乱、杂，果农随意混配，图便宜购劣质农药，造成果面污染严重；（3）品质降低，栽培管理不当，治标不治本，如盲目追求高产、树体负荷重；偏施氮肥，钾肥不足，使树体抗病力减弱；（4）采果后秋季病虫害防治重视不够，引起霜霉病、白粉病和褐斑病等情况发生，造成树体衰弱，并为翌年累积大量病原菌。

随着全社会对食品安全问题的关注，葡萄和葡萄酒的安全性也日益受到消费者的高度关注。2012年，张裕葡萄酒被曝出农药残留事件之后，其销售量急剧下滑，股票狂跌，为张裕乃至整个葡萄酒行业敲响了警钟。保证葡萄酒的食品安全，必须强化源头治理，从葡萄的种植环节下手，让食品安全事半功倍。同时应建立严格的药物管理制度，科学使用农药，并且应根据葡萄品种抗性、气候、以往病虫害发生的状况，确定病虫害的防治措施。积极推行良好农业操作规范（GAP），规范葡萄的栽培和管理，建立葡萄酒安全性质量可追溯体系。

三、原料的安全和质量控制

葡萄原料奠定了葡萄酒质量的物质基础。葡萄酒质量的好坏主要取决于葡萄原料的质量。所谓葡萄原料的质量，主要是指酿酒葡萄的品种、葡萄的成熟度、葡萄的新鲜度和卫生状况。对于食品安全来说，最重要的就是葡萄的新鲜度和卫生状况，葡萄采收后，最好能在8h内加工，加工的葡萄应该果粒完整，不能混杂生、青、病、烂的葡萄，以免造成真菌毒素的污染。

葡萄安全隐患风险最大的是农药、污染物、毒素以及重金属的残留量超标，这些有毒有害物质主要来自农用化学污染和工业化学污染。农用化学污染包括农药、化肥、激素等。在葡萄种植过程中，葡萄病虫害的发生与当地生态环境、栽培葡萄品种以及葡萄管理方式有相当大的关系，不同的葡萄种植地都会根据当地的实际情况，施用减少病虫害的防治药物以确保葡萄的生产安全。葡萄种植地或生产区周边设施如电子制造厂、造纸厂、化工厂、水泥厂等的工业排放给种植生产环境（土壤、水源和空气等）带来污染。另外，在葡萄种植、采摘和酿造过程中，容易受到霉菌污染，由此也会导致生物毒素的污染。

在用葡萄进行酿酒的时候，酵母是一种不可或缺的原料，葡萄果实越成熟，果皮上寄生的酵母菌数量就越多。按照葡萄酒生产流程，收来的葡萄被压破后直接入罐发酵，不允许清洗，在干红葡萄酒的酿制过程中，几乎不对原料做任何处理，果梗与葡萄皮也都不能去除，因为它们所含的多酚类化合物单宁及色素成分，在红葡萄酒的发酵中有着关键作用。在后期工艺中，不会也无法再针对葡萄的农残和真菌毒素进行处理。酿酒葡萄中一些农药残留物质会影响酵母的正常生长代谢，抑制酵母的生长或延迟酵母的发酵等，甚至产生一些不良代谢产物和异味物质，影响葡萄酒的感官质量。减少药害的根本办法唯有不用或少用农药，如果使用则必须遵循科学原则，以防止违规使用或采摘时农残过量。

《食品安全国家标准　食品中农药最大残留限量》（GB 2763—2019）对葡萄中的百菌清、苯丁锡、苯氟磺胺、代森锰锌、单氰胺、敌螨普、多杀霉素等多种农药含量制定了限量标准。《食品安全国家标准　食品污染物限量》（GB 2762—2017）进一步规定了葡萄酒中铅的限量标准，《食品安全国家标准　食品中真菌毒素限量》（GB 2761—2017）新增了葡萄酒中赭曲霉毒素 A 限量。

酿酒葡萄的安全是保证葡萄酒安全的第一关，必须加强葡萄的进厂检验，剔除腐烂葡萄，拒收危害严重的葡萄；加强农药使用指导，调查原料产地是否有严重污染，入厂前送交技术中心检验；加强葡萄运输过程中的防尘防污措施。

第二节　酿造过程的质量和安全控制

葡萄酒的酿造离不开葡萄原料、酿酒设备及酿造葡萄酒的工艺技术，三者缺一不可。要酿造好的葡萄酒，首先要有好的葡萄原料，其次要有符合工艺要求的酿酒设备和厂房环境，第三要有科学合理的工艺技术。原料和设备是硬件，工艺技术是软件。在硬件确定的前提下，产品质量的差异就只能取决于酿造葡萄酒的工艺技术和严格的质量控制。

一、厂房和酿造设备的配置要求

在葡萄酒酿造过程中，任何污染和过失带来的异杂味都是葡萄酒本身无法掩盖的。所以，酿造葡萄酒的厂房和酿造设备，必须符合食品生产的卫生要求。

要根据产量和工艺需要，科学合理地设计厂房。厂房和车间的设计要符合《食品安全国家标准　食品生产通用卫生规范》（GB 14881—2013）的要求。生产车间的地面要求平滑无裂纹，防滑、耐冲击、耐水、耐热、耐酸碱，要有一定的坡度，用自来水刷地后，污水能自动流出去，车间地面不留水沟，或者留明水沟，水沟底面的坡面能使刷地的水全部流出车间。墙壁与地面交界处为漫弯形，没有死角。厂房要符合工艺流程需要，为防止交叉污染，从葡萄破碎、分离压榨、发酵贮藏，到成品酒灌装等，食品车间的通道应尽量做到人流、物流分开，从原料加工到成品入库，物流通道应在一条生产线上，各道工序要紧凑连接，避免远距离输送造成污染和失误。

葡萄酒的加工设备都应符合规定，加工工具设备应进行彻底的清洗消毒。葡萄破碎机、果汁分离机、果汁压榨机、高速离心机、灌酒机、发酵罐、贮酒罐等只要接触到铁、铜制金属设备，必须经过无毒涂层处理后方能使用，以避免葡萄汁与金属直接接触造成的原酒铜、铁离子含量过高。要根据生产能力的大小，选择设备型号和容器规格，各种设备的能力和贮藏容器要配套一致。每种设备和容器，凡是与葡萄、葡萄浆、葡萄汁接触的部分，都要用不锈钢或其他耐腐的材料制成，防止铁、铜或其他金属污染。葡萄酒中含有酸，会腐蚀金属，所以必须选择适合长期贮存葡萄酒的容器，如玻璃、木材、不锈钢等。

二、葡萄酒酿造过程中的质量和安全控制

一般的葡萄酒酿造都要经过去梗、压榨果粒、榨汁和发酵、添加二氧化硫等步骤。以传统干红酿造工艺为例，具体加工步骤为：葡萄除梗破碎→浸渍→发酵→分离→苹乳发酵→贮存→澄清处理→冷冻处理→贮存→除菌过滤→装瓶，因此，应建立严格有效的 HACCP 体系，规范葡萄酒酿造工艺，建立葡萄酒安全性质量可追溯体系。葡萄酒是经过发酵的产品，酒精发酵是激烈的过程，它能有效地沉淀析出包括杀虫剂在内的大量重分子，因此在成品葡萄酒中检测出的农药残留比葡萄果实中低很多，通常处于规定的限量以下。在葡萄酒酿造过程中，主要存在的安全风险因子是添加剂、杂醇油、甲醇、重金属、微生物等。

在葡萄酒酿造过程中，科学合理地加入添加剂往往都是有利无害的，因为这些葡萄酒添加剂的使用可以提升酒液的感官品质（风味、香气等）、稳定性以及陈年潜力。例如，二氧化硫在葡萄酒加工过程中起着重要作用，适量的二氧化硫起着杀菌、抑制杂菌繁殖、溶解葡萄皮中的某些有益物质、澄清、增酸、抗氧化作用，但二氧化硫用量过多时，不仅影响酒的品质，而且会对人体造成伤害。因此，二氧化硫的使用应严格按照工艺添加，在保证酒品质的情况下，尽量少用或不用。但是，在葡萄酒的加工酿造中，一些不法商人为了牟取暴利，降低成本，不惜使用劣质葡萄酒原料，大量添加工业用酒精、色素、甜味剂、防腐剂、葡萄酒特性物质等食用或非食用添加剂，导致有毒有害物质超标。因此，《食品安全国家标准食品添加剂使用标准》（GB 2760—2014）中对葡萄酒中的二氧化硫、甜味剂、焦糖色、酒石酸、山梨酸及其钾盐、D-异抗坏血酸及钠盐等含量进行了严格的规定。

葡萄酒在酿造过程除了产生酚、醛、酯等芳香类物质外，还会产生杂醇油和甲醇，杂醇油又叫高级醇，在葡萄酒中主要包括1-丙醇、2-甲基丙醇、3-甲基丁醇、1-丁醇、2-甲基丁醇等，其能与有机酸结合生成醋，使酒具有独特的香味。杂醇油含量过高或过低都会对葡萄酒的风味产生不良影响，含量过少会使葡萄酒的风味淡薄，含量过多会给人以辛辣、

腐臭感和不愉快的苦涩。杂醇油要比乙醇分解缓慢得多，所以它具有很长的麻醉效果，对脑神经有损害作用，消费者饮用一定量后会使神经系统充血，引起口干和剧烈的头痛，俗称"上头"。这就要求在酿酒过程中，必须要从控制发酵度和发酵温度等工艺方面采取措施，控制杂醇油的含量。

葡萄酒中自身的甲醇含量与葡萄酒生产时浸渍的时间以及果胶酶有关，白葡萄酒中的甲醇含量一般都比红葡萄酒中的甲醇含量低，因为白葡萄酒用果皮中的果汁进行发酵。甲醇在人体内逐渐累积，不易排出体外，即使少量也能引起人的慢性中毒。不管是白葡萄酒还是红葡萄酒，甲醇含量超标，都会造成甲醇中毒，严重影响视觉神经，出现眼球痛、瞳孔放大，重度中毒甚至会导致失明。所以在酿造过程中，对甲醇含量一定要严格控制。《葡萄酒》（GB 15037）对葡萄酒中甲醇含量制定了限量标准。

葡萄酒中的金属来源有以下 3 个方面：第一是天然来源，即当地的土壤。土壤酸碱度对葡萄的养分吸收具有很大的影响，在碱性土壤中，葡萄树对铜元素和钙元素具有较高的生物吸收能力，而在酸性土壤中，葡萄树则优先富集锶、锌和锰元素；第二是葡萄树栽培过程中带来的污染。生长过程中带入的污染包括肥料、农药以及环境污染，施用含有砷、镉、铜、锰、铅和锌元素的药剂，或距离公路较近的种植园，都会导致土壤和葡萄酒中的重金属含量较高；第三是酿酒过程以及存贮器具中带入的金属，如与铝、黄铜、玻璃、不锈钢、木材等材料做成的酿酒器械、管道、桶接触，通常带入的元素有铅、铝、镉、铬、铜、铁、锌等。

葡萄酒由于营养丰富，微生物病害极易发生，如果生产过程控制不当，很可能使酒发生浑浊变质，严重影响酒的风味，以致酒的质量受到严重损害。污染葡萄酒的杂菌主要有醋酸菌、酒花菌和霉菌等。引起葡萄酒变质的主要微生物有霉菌、酵母、醋酸菌和乳酸菌。当微生物数量很大时，用肉眼就可以观察到，霉菌可以在未发酵的葡萄汁表面以及容器上形成菌膜；酵母、醋酸菌也可在葡萄酒表面形成菌膜，或引起葡萄酒的浑浊、沉淀；而乳酸菌则只引起葡萄酒的浑浊、沉淀。为了防止微生物病害的发生，首先在严控原料质量的基础上，必须保持酒厂良好的生产卫生，对于设备、容器和酿酒环境要定期清洗灭菌；其次是严格工艺要求，保证酒精发酵和苹果酸－乳酸发酵正常进行，并在发酵结束后杀死或除去所有的微生物，正确添罐、转罐，贮藏时避免酒液表面与空气过多接触，提高贮存原酒的酒精度。另外，加工过程中微生物监控也必不可少，如在装瓶前检验以验证无菌过滤和离心的效果。

第五章

葡萄酒相关标准

第一节　葡萄酒相关标准发展历史

近20年来，随着国际贸易和科技文化交流的不断扩大，特别是贸易全球化和经济区域集团化、高新技术的迅猛发展，对国际、国内标准的需求日益增长，因为标准是规范市场商品和市场秩序的重要依据，是完善我国社会主义市场经济体制的必要条件，随着我国社会主义市场经济体制的逐步完善和加入世界贸易组织，标准化工作愈来愈显示出不可替代的重要作用。

20世纪70年代，国际葡萄酒生产国大都以酿造干型葡萄酒为主，为了改变我国与国际先进的葡萄酒酿造业长期脱轨的境况，1979年，轻工业部审时度势，派出由国内酿酒专家、学者组成的赴法国葡萄酒、白兰地考察小组，分别考察了法国的葡萄酒产区、葡萄园和红葡萄酒的生产情况。此次赴法考察活动，主要目的就是研究如何借鉴法国酿造干红葡萄酒的先进工艺和设备，结合本国的实际情况，选取国际知名酿酒葡萄，采用热浸果浆法，结合转动罐法，对分离果渣后的红色果汁进行控温发酵，酿制我国本土的干红葡萄酒。

1979年，我国第一瓶龙眼干白在河北沙城问世。1981年，轻工业部决定正式实施《葡萄酒生产新技术工业性试验》。1983年，我国第一瓶干红在河北昌黎问世。从此，结束了我国没有自主酿造干红葡萄酒产品的历史。

1984年，轻工业部颁布了第一个葡萄酒标准《葡萄酒及其试验方法》（QB 921—1984），填补了我国葡萄酒标准的空白。1994年，我国第一次制定了《葡萄酒》（GB/T 15037—1994）国家标准。考虑到当时半汁葡萄酒和山葡萄酒存在的状况，轻工业部还制定了《半汁葡萄酒》（QB/T 1980—1994）和《山葡萄酒》（QB/T 1982—1994）两项行业标准，3项标准并存的状态符合我国当时葡萄酒生产现状和消费能力，推动了葡萄酒行业的全面发展。

我国的葡萄酒标准整体情况见下表。

中国葡萄酒相关标准

序号	标准编号	标准名称	标准层次
1	GB 12696—2016	食品安全国家标准 发酵酒及其配制酒生产卫生规范	国家标准
2	GB/T 15037—2006	葡萄酒	国家标准
3	GB/T 15038—2006	葡萄酒、果酒通用分析方法	国家标准
4	GB/T 18966—2008	地理标志产品 烟台葡萄酒	国家标准
5	GB/T 19049—2008	地理标志产品 昌黎葡萄酒	国家标准
6	GB/T 19265—2008	地理标志产品 沙城葡萄酒	国家标准
7	GB/T 19426—2006	蜂蜜、果汁和果酒中497种农药及相关化学品残留量的测定 气相色谱－质谱法	国家标准
8	GB/T 19504—2008	地理标志产品 贺兰山东麓葡萄酒	国家标准
9	GB/T 20820—2007	地理标志产品 通化山葡萄酒	国家标准
10	GB/T 23206—2008	果蔬汁、果酒中512种农药及相关化学品残留量的测定 液相色谱－串联质谱法	国家标准
11	GB/T 23543—2009	葡萄酒企业良好生产规范	国家标准
12	GB/T 23777—2009	葡萄酒贮藏柜	国家标准
13	GB/T 23778—2009	酒类及其他食品包装用软木塞	国家标准
14	GB/T 25393—2010	葡萄栽培和葡萄酒酿制设备 葡萄收获机 试验方法	国家标准
15	GB/T 25394—2010	葡萄栽培和葡萄酒酿制设备 果浆泵 试验方法	国家标准
16	GB/T 25395—2010	葡萄栽培和葡萄酒酿制设备 葡萄压榨机 试验方法	国家标准
17	GB/T 25504—2010	冰葡萄酒	国家标准
18	GB/T 27586—2011	山葡萄酒	国家标准
19	BB/T 0018—2000	包装容器葡萄酒瓶	行业标准
20	HJ 452—2008	清洁生产标准葡萄酒制造业	行业标准
21	NY/T 274—2014	绿色食品 葡萄酒	行业标准
22	QB/T 4849—2015	葡萄酒中挥发性醇类的测定方法 静态顶空－气相色谱法	行业标准
23	QB/T 4850—2015	葡萄酒中挥发性酯类的测定方法 静态顶空－气相色谱法	行业标准
24	QB/T 4851—2015	葡萄酒中无机元素的测定方法 电感耦合等离子体质谱法和电感耦合等离子体原子发射光谱法	行业标准
25	QB/T 4852—2015	起泡葡萄酒中二氧化碳的稳定碳同位素比值（13C/12C）测定方法 稳定同位素比值质谱法	行业标准
26	QB/T 4853—2015	葡萄酒中水的稳定氧同位素比值（$^{18}O/^{16}O$）测定方法 同位素平衡交换法	行业标准
27	SB/T 10711—2012	葡萄酒原酒流通技术规范	行业标准
28	SB/T 10712—2012	葡萄酒运输、贮存技术规范	行业标准
29	SB/T 11122—2015	进口葡萄酒相关术语翻译规范	行业标准

第二节　我国葡萄酒产品质量标准

　　产品质量标准是我国现行酿酒技术标准体系的核心，主要规定了酒类产品的术语和定义、产品分类、技术要求、试验方法、检验规则、标志、包装、运输和贮存等，是需要在产品标签上强制标示的内容。产品标准制修订与行业发展密不可分，反映了酿酒行业的政策调整、科技进步和发展趋势。

　　葡萄酒行业在我国起步较晚，1994 年第一次制定《葡萄酒》（GB/T 15037）时，考虑到酿酒葡萄种植面积小、葡萄酒企业规模小和消费者购买能力差等多种情况，标准中放宽了部分指标要求，扶持了葡萄酒行业的起步和发展。随着葡萄酒行业的发展，2003 年废除了《半汁葡萄酒》行业标准。通过全行业十几年的努力，我国葡萄酒业已完成了由粗放式生产向工业化、规模化、集群化发展的转变。2006 版《葡萄酒》国家标准修订时，考虑到葡萄酒市场的成熟度及与国际葡萄酒发展接轨需要，标准属性由原来的推荐性上升为强制性，对葡萄酒概念的内涵和外延、产品分类、检验原则、理化指标和卫生指标加以明确，其适用程度更趋近于国际葡萄与葡萄酒组织（OIV）标准；明确定义了产地葡萄酒、品种葡萄酒和年份葡萄酒的概念，对行业的整体规范和发展起到了引导作用。新版标准发布实施以来，葡萄酒产量由 2006 年的 4.957 亿 L，到 2010 年达到了 10.888 亿 L，增长了 117.87%。

　　2009 年，我国颁布实施了《葡萄酒企业良好生产规范》（GB/T 23543—2009）、《白酒企业良好生产规范》（GB/T 23544—2009）和《黄酒企业良好生产规范》（GB/T 23542—2009）3 项国家标准，至此我国完成了 4 大酒种的过程管理标准。其中根据各个酒种生产特点，对酿酒企业的厂区环境、厂房和设施、设备与工器具、人员管理与培训、物料控制与管理、加工过程控制、质量管理、卫生管理、成品贮存和运输、文件和记录以及投诉处理和产品召回等方面的基本要求，涵盖了酿酒生产企业涉及产品质量和卫生安全管理的全部环节，可为酒厂设计、建造（改扩建）、生产管理和质量管理提供参考。这些标准的制定和出台填补了我国酿酒行业生产过程控制标准的空白，完善了我国酿酒工业技术标准体系，有利于规范行业生产，促进产业的健康发展。

一、《葡萄酒》（GB/T 15037—2006）

　　《葡萄酒》原为推荐性标准，是为了规范生产，加强监督管理，打击假冒伪劣产品，维护消费者的利益而制定的。同时，为了尽快与国际接轨和进行技术交流，行业提出要求，由全国食品发酵标准化中心立项申报，国家标准化管理委员会（以下简称国标委）批准，

2002 年提出修订计划,被确定为条文强制性国家标准。2006 年经国标委批准发布实施,标准中的定义、涉及人身安全的指标和有关标签标识内容,即第 3 章、第 5 章和第 8 章的 8.1、8.2 为强制性条文,其余为推荐性条文。

2017 年 3 月 23 日,国家质检总局和国标委发布"关于《白砂糖》等 1077 项强制性国家标准转化为推荐性国家标准的公告"。公告内容为:根据强制性标准整合精简工作结论,国家质量监督检验检疫总局、国家标准化管理委员会将《水泥包装袋》等 1077 项强制性国家标准转化为推荐性国家标准,现予以公布。自公布之日起,上述标准不再强制执行,标准代号由 GB 改为 GB/T,标准顺序号和年代号不变。其中包括《葡萄酒》(GB/T 15037—2006)。

我国葡萄酒行业发展迅速,已经完成了葡萄酒市场初期培育,目前处于由低端产品向高端产品发展的转型期和品牌市场培育关键期,国产葡萄酒发展正遭遇内外双重的尴尬处境:一方面,国内葡萄酒市场混乱,部分企业为抢占市场,滥用、虚假标注产地、品种和年份等,假冒伪劣产品屡禁不止,直接影响了消费者对国产葡萄酒的信任度,损害消费者利益,干扰国内葡萄酒行业健康发展;另一方面,由于国内对进口葡萄酒的关税降低,关税不再成为进口葡萄酒的主要障碍,国外企业借助品牌、资金和渠道等有利因素占领中国高端葡萄酒市场,对国产葡萄酒造成很大冲击,加上对进口酒的监管存在漏洞等,进口葡萄酒以次充好的现象严重。2011 年央视曝光的国内"昌黎葡萄酒制假售假"事件和《焦点访谈》曝光的"成都春季糖酒会成为进口假酒的展示会",凸显了我国葡萄酒体系不健全、市场不成熟、生产流通环节监管不到位等问题。

目前,我国已经初步建立了葡萄酒技术标准体系,对扶持、促进和保护行业发展起到了积极的作用,并积极规范和引导行业发展,如在 2006 版《葡萄酒》国家标准中对年份葡萄酒、品种葡萄酒和产地葡萄酒进行了明确定义,其中产地葡萄酒指用所标注的产地葡萄酿制的酒所占比例不低于酒含量的 80%。由于我国尚未建立像欧盟那样一整套完善的由法律法规,技术标准,产地、年份、品种认定,生产备案,信息发布等组成的管理体系,同时诚信体系不够健全,配套的产地、品种和年份葡萄酒检测方法和判别依据等关键技术标准缺乏,仅仅依靠企业自律和现有的标准管理体系无法有效规范市场,消费者对产品质量和品牌的认可度低。为使我国葡萄酒行业良性发展,提高行业整体质量水平,亟需加强葡萄酒市场保护和品牌塑造等相关标准的研究制定,通过标准体系的完善规范国内市场,提高国外葡萄酒进口我国市场的质量安全门槛。

《葡萄酒》(GB/T 15037—2006)于 2006 年发布实施,距今已十多年。随着多年来的发展,葡萄酒业在生产规模、产品结构、生产工艺、技术装备上都有了长足的进步,原标准已不能适应目前葡萄酒生产的需要。据调查结果可知,目前在葡萄酒生产中,许多企业对原标准有很多困惑，如葡萄酒是否必须是 100% 的葡萄汁，生产工艺中是否允许带入其他成分，发酵工艺中是否允许加糖，发酵结束后是否允许加糖调整口感，加香葡萄酒、利口葡萄酒等怎样规范等。

随着我国进口葡萄酒消费量越来越大，各类饮料酒越来越丰富多样，为了尽快与国际接轨，缩短与葡萄酒发达国家的差距，实现葡萄酒业在新形势下持续、健康、快速发展，有必要在结合我国实际情况的同时，借鉴国际葡萄酒行业的成熟经验，制定出一套更科学、更合理的标准体系，以更好地保护生产者、消费者的合法权益，以及在将来葡萄酒市场上更加全方位参与国际交流与合作。为此，2014 年国标委正式下达《葡萄酒》国家标准修订工作计划。此次标准修订根据行业实际情况，参考了 OIV《国际葡萄酿酒法典》（International Code of Oenological Practice，2014 版）、欧盟葡萄酒法规标准（EC）No 491/2009、（EU）251/2014，美国葡萄酒相关法规（Title 27 part 4 "葡萄酒标签和广告" 和 part 24 "葡萄酒"），澳大利亚、新西兰标准［Standard 4.5.1 wine production requirements（Australia only）和 Standard 2.7.4 wine and wine product］，加拿大标准［Food and Drug Regulation（B.02.100 Wine）］，体现了科学性、先进性和可操作性原则，并充分考虑国内相关的法规要求，结合葡萄酒行业的特点，与相关标准法规包括强制性标准协调一致。

（一）标准主要内容

《葡萄酒》（GB/T 15037—2006）中制定了葡萄酒相关的术语和定义共 27 条，包括葡萄酒的基本定义、特种葡萄酒的概念，以及产地、品种、年份葡萄酒的定义，具体内容如下：

- 葡萄酒

以鲜葡萄或葡萄汁为原料，经全部或部分发酵酿制而成的，含有一定酒精度的发酵酒。

- 干葡萄酒

糖含量（以葡萄糖计）小于或等于 4.0g/L 的葡萄酒，或者当总糖与总酸（以酒石酸计）的差值小于或等于 2.0g/L 时，糖含量最高为 9.0g/L 的葡萄酒。

- 半干葡萄酒

糖含量大于干葡萄酒，最高为 12.0g/L 的葡萄酒，或者当总糖与总酸（以酒石酸计）的差值小于或等于 2.0g/L 时，糖含量最高为 18.0g/L 的葡萄酒。

- 半甜葡萄酒

糖含量大于半干葡萄酒，最高为 45.0g/L 的葡萄酒。

- 甜葡萄酒

糖含量大于 45.0g/L 的葡萄酒。

- 平静葡萄酒

在 20℃时，二氧化碳压力小于 0.05MPa 的葡萄酒。

葡萄酒加工工艺与质量安全

- 起泡葡萄酒

在20℃时，二氧化碳压力等于或大于0.05MPa的葡萄酒。

- 高泡葡萄酒

在20℃时，二氧化碳（全部自然发酵产生）压力大于或等于0.35MPa（对于容量小于250mL的瓶子二氧化碳压力等于或大于0.3MPa）的起泡葡萄酒。

- 天然高泡葡萄酒

酒中糖含量小于或等于12.0g/L（允许差为3.0g/L）的高泡葡萄酒。

- 绝干高泡葡萄酒

酒中糖含量为12.1~17.0g/L（允许差为3.0g/L）的高泡葡萄酒。

- 干高泡葡萄酒

酒中糖含量为17.1~32.0g/L（允许差为3.0g/L）的高泡葡萄酒。

- 半干高泡葡萄酒

酒中糖含量为32.1~50.0g/L（含）的高泡葡萄酒。

- 甜高泡葡萄酒

酒中糖含量大于50.0g/L的高泡葡萄酒。

- 低泡葡萄酒

在20℃时，二氧化碳（全部自然发酵产生）压力在0.05~0.34MPa的起泡葡萄酒。

- 特种葡萄酒

用鲜葡萄或葡萄汁在采摘或酿造工艺中使用特定方法酿制而成的葡萄酒。

- 利口葡萄酒

由葡萄生成总酒度为12%（体积分数）以上的葡萄酒中，加入葡萄白兰地、食用酒精或葡萄酒精以及葡萄汁、浓缩葡萄汁、含焦糖葡萄汁、白砂糖等，使其终产品酒精度为15.0%~22.0%（体积分数）的葡萄酒。

- 葡萄汽酒

酒中所含二氧化碳是部分或全部由人工添加的，具有同起泡葡萄酒类似物理特性的葡萄酒。

- 冰葡萄酒

将葡萄推迟采收，当气温低于-7℃使葡萄在树枝上保持一定时间，结冰，采收，在结冰状态下压榨，发酵，酿制而成的葡萄酒（在生产过程中不允许外加糖源）。

- 贵腐葡萄酒

在葡萄的成熟后期，葡萄果实感染了灰绿葡萄孢，使果实的成分发生了明显的变化，用这种葡萄酿制而成的葡萄酒。

● 产膜葡萄酒

葡萄汁经过全部酒精发酵，在酒的自由表面产生一层典型的酵母膜后，可加入葡萄白兰地、葡萄酒精或食用酒精，所含酒精度等于或大于15.0%（体积分数）的葡萄酒。

● 加香葡萄酒

以葡萄酒为酒基，经浸泡芳香植物或加入芳香植物的浸出液（或馏出液）而制成的葡萄酒。

● 低醇葡萄酒

采用鲜葡萄或葡萄汁经全部或部分发酵，采用特种工艺加工而成的、酒精度为1.0% ~ 7.0%（体积分数）的葡萄酒。

● 脱醇葡萄酒

采用鲜葡萄或葡萄汁经全部或部分发酵，采用特种工艺加工而成的、酒精度为0.5% ~ 1.0%（体积分数）葡萄酒。

● 山葡萄酒

采用鲜山葡萄（包括毛葡萄、刺葡萄、秋葡萄等野生葡萄）或山葡萄汁经过全部或部分发酵酿制而成的葡萄酒。

● 年份葡萄酒

所标注的年份是指葡萄采摘的年份，其中年份葡萄酒所占比例不低于酒含量的80%（体积分数）。

● 品种葡萄酒

用所标注的葡萄品种酿制的酒所占比例不低于酒含量的75%（体积分数）。

● 产地葡萄酒

用所标注的产地葡萄酿制的酒所占比例不低于酒含量的80%（体积分数）。

标准中的定义主要参考了"OIV（国际葡萄与葡萄酒局）法规"和"中国葡萄酿酒技术规范"。和1994版相比，增加了特种葡萄酒中的利口葡萄酒、冰葡萄酒、贵腐葡萄酒、产膜葡萄酒、低醇葡萄酒、无醇葡萄酒和山葡萄酒的定义，同时增加了消费者关注度非常高的年份葡萄酒、品种葡萄酒、产地葡萄酒的定义。

（二）关于葡萄酒的分类

标准中根据葡萄酒的特点和消费者的认知，按照色泽、二氧化碳含量以及糖含量进行了分类。

● 按色泽分类：白葡萄酒、桃红葡萄酒和红葡萄酒。

● 按糖含量分类：干葡萄酒、半干葡萄酒、半甜葡萄酒、甜葡萄酒。

● 按二氧化碳含量分类：平静葡萄酒、起泡葡萄酒、高泡葡萄酒、低泡葡萄酒。

（三）关于感官要求

葡萄酒感官要求

项目			要 求
外观	色泽	白葡萄酒	近似无色、微黄带绿、浅黄、禾秆黄、金黄色
		红葡萄酒	紫红、深红、宝石红、红微带棕色、棕红色
		桃红葡萄酒	桃红、淡玫瑰红、浅红色
	澄清程度		澄清，有光泽，无明显悬浮物（使用软木塞封口的酒允许有少量软木渣，装瓶超过 1 年的葡萄酒允许有少量沉淀）
	起泡程度		起泡葡萄酒注入杯中时，应有细微的串珠状气泡升起，并有一定的持续性
香气与滋味	香气		具有纯正、优雅、怡悦、和谐的果香与酒香，陈酿型的葡萄酒还应具有陈酿香或橡木香
	滋味	干、半干葡萄酒	具有纯正、优雅、爽怡的口味和悦人的果香味，酒体完整
		半甜、甜葡萄酒	具有甘甜醇厚的口味和陈酿的酒香味，酸甜协调，酒体丰满
		起泡葡萄酒	具有优美醇正、和谐悦人的口味和发酵起泡酒的特有香味，有杀口力
典型性			具有标示的葡萄品种及产品类型应有的特征和风格

在澄清程度的要求中增加了"使用软木塞封口的酒允许有少量软木渣，装瓶超过 1 年的葡萄酒允许有少量沉淀"的描述。因为软木塞泡久后，酒液会渗入而软化软木塞。有时酒在搬运或是存取的时候会被晃动或碰撞，难免会有一些碎屑掉入酒中。这属于正常现象，对酒的品质并不会造成影响。

另外，白葡萄酒中常常出现的沉淀物质为酒石酸盐结晶沉淀。酒石酸是葡萄酒中特有的一种有机酸物质，在低温下容易结晶成沉淀。红葡萄酒中除了酒石酸盐结晶沉淀外，还有色素与酚类化合物聚合沉淀及蛋白质沉淀等。这些沉淀物对酒的品质同样不会造成影响，因此在标准中规定允许有少量沉淀。

（四）关于理化要求

葡萄酒理化要求

项目			要求
酒精度[a]（20℃）（体积分数）/%			≥7.0
总糖[d]（以葡萄糖计）/（g/L）	平静葡萄酒	干葡萄酒[b]	≤4.0
		半干葡萄酒[c]	4.1～12.0
		半甜葡萄酒	12.1～45.0
		甜葡萄酒	≥45.1
	高泡葡萄酒	天然型高泡葡萄酒	≤12.0（允许差为3.0）
		绝干型高泡葡萄酒	12.1～17.0（允许差为3.0）
		干型高泡葡萄酒	17.1～32.0（允许差为3.0）
		半干型高泡葡萄酒	32.1～50.0
		甜型高泡葡萄酒	≥50.1
干浸出物/（g/L）	白葡萄酒		≥16.0
	桃红葡萄酒		≥17.0
	红葡萄酒		≥18.0
挥发酸（以乙酸计）/（g/L）			≤1.2
柠檬酸/（g/L）	干、半干、半甜葡萄酒		≤1.0
	甜葡萄酒		≤2.0
二氧化碳（20℃）/MPa	低泡葡萄酒	<250mL/瓶	0.05～0.29
		≥250mL/瓶	0.05～0.34
	高泡葡萄酒	<250mL/瓶	≥0.30
		≥250mL/瓶	≥0.35
铁/（mg/L）			≤8.0
铜/（mg/L）			≤1.0
甲醇/（mg/L）	白、桃红葡萄酒		≤250
	红葡萄酒		≤400
苯甲酸或苯甲酸钠（以苯甲酸计）/（mg/L）			≤50
山梨酸或山梨酸钾（以山梨酸计）/（mg/L）			≤200

注：总酸不作要求，以实测值表示（以酒石酸计，g/L）。

[a] 酒精度标签标示值与实测值不得超过 ±1.0%（体积分数）。

[b] 当总糖与总酸（以酒石酸计）的差值小于或等于 2.0g/L 时，含糖最高为 9.0g/L。

[c] 当总糖与总酸（以酒石酸计）的差值小于或等于 2.0g/L 时，含糖最高为 18.0g/L。

[d] 低泡葡萄酒总糖的要求同平静葡萄酒。

葡萄酒加工工艺与质量安全

- 关于酒精度要求

通常来说，葡萄酒的酒精度大都在8%～15%（体积分数）之间，它主要由葡萄果实中的糖含量决定的。一般17～18g/L的糖分可转为1% vol 酒精。葡萄中的糖分是采收葡萄的重要指标之一，参考OIV的要求，规定最低酒精度为7%。

- 关于干浸出物要求

葡萄酒干浸出物即无糖浸出物，是葡萄酒中一定物理条件下的非挥发性物质的总和，包括游离酸及盐类、单宁、色素、果胶、低糖、矿物质等。干浸出物的含量是葡萄酒质量的一项重要指标。因此，检验干浸出物含量是鉴别真假葡萄酒的重要检测依据。干浸出物指标的高低与葡萄酒原料及酒的生产工艺、贮藏方式等有密切的关系，是体现酒质好坏的重要标志之一。

- 关于铁元素含量的要求

葡萄酒中铁元素含量超标不但会影响口感，还易使产品出现沉淀，并加速葡萄酒的氧化和衰败过程，俗称铁败坏病。造成葡萄酒中铁元素含量超标的原因主要有两种：一是原料带入，葡萄生长的土壤环境中铁元素含量过多的话，将直接影响到葡萄中铁元素的含量，进而影响葡萄酒中铁元素的含量；二是葡萄在采摘、运输、酿造和贮藏过程中容易接触到大量铁制品，铁的成分溶入葡萄酒中使葡萄酒中的铁元素含量增加。这就要求加强葡萄酒生产过程中的质量控制，比如避免葡萄酒长期接触含铁器具等，从源头上加以控制。

- 关于甲醇含量的要求

甲醇实际上来源于植物组织本身。对于葡萄果实来说，其细胞壁上含有大量的果胶，它与纤维素、半纤维素、木质素等分子交联构成细胞组织的支撑结构。果胶的本质是半乳糖醛酸聚糖，其侧链可被酯化。在果胶酶存在的情况下，酯化的果胶就可以产生甲醇。甲醇的产生主要与葡萄的皮与籽部分有关，因此在连皮发酵的红葡萄酒中，甲醇的含量也会更高一点。

在工业生产中通过工艺控制可以较好地限制甲醇的产生量。在大规模的葡萄酒生产中，为了提高出汁率以及方便澄清，会添加外源的果胶酶来分解果胶。这些外源的果胶水解酶本身并不导致甲醇的生成，从总体上来说就降低了酒中甲醇的含量。对原料的筛选，以及对发酵条件的严格控制，都可以避免产生过多的甲醇。

本标准中甲醇的限量参考了OIV的标准，与其保持一致。

- 关于苯甲酸或苯甲酸钠含量的要求

葡萄酒生产过程中不允许添加苯甲酸盐类作为防腐剂。由于葡萄酒在发酵过程中会自然产生苯甲酸，其含量很少，并未起到防腐作用，为避免误判，本标准规定苯甲酸或苯甲酸钠（以苯甲酸计）≤50mg/L。

二、《山葡萄酒》（GB/T 27586—2011）

山葡萄酒是以野生或人工栽培的东北山葡萄、刺葡萄、秋葡萄及其杂交品种等为原料，经发酵酿制而成的饮料酒。山葡萄仅在世界不多的几个地区生长，除了日本、朝鲜、俄罗斯，就只有我国出产。山葡萄酒品质的好坏与原料山葡萄的品种有直接关系。我国东北长白山密林温度低、无污染的独特生态环境，为山葡萄的内在营养功能性物质的积累和野生口味的形成，提供了得天独厚的条件。山葡萄酒中富含的糖、有机酸、多种维生素和无机盐等250种成分的营养价值已经得到充分的肯定，特别是山葡萄酒中含有大量的原花青素与白黎卢醇等多种能防治心血管疾病作用的元素。山葡萄酒在我国最早执行的是行业标准 QB/T 1982—1994，2006 年国标委下达了制定山葡萄酒国家标准的计划，并于 2011 年发布实施。

三、《冰葡萄酒》（GB/T 25504—2010）

冰葡萄酒由于生产及制作条件十分苛刻，使它成为珍贵葡萄酒中的一种，被誉为葡萄酒中的极品。冰葡萄酒起源于德国和奥地利，但目前以加拿大的产量最大。

由于酿制冰葡萄酒的特殊工艺和极低的产量，正宗的冰葡萄酒价格十分昂贵。在我国国内市场上，来自加拿大的名牌冰葡萄酒价格高达上千元，同时市场上也充斥着一些假冰葡萄酒和劣质冰葡萄酒。一些根本不具备生产条件的厂家，将采摘的鲜葡萄放在冷库使之人工结冰来冒充冰葡萄以酿制冰葡萄酒，甚至在一般的白葡萄酒里加色素假冒冰葡萄酒来坑害消费者（包括国外厂商）；也有一些厂商打着合资合作的幌子，进口劣质的冰葡萄酒进行简单的分装，冒充国际名牌，牟取暴利。因此，我国冰葡萄酒市场十分混乱，极大地打击了正规企业的积极性，并且给消费者造成了不良的影响。因此，2005 年国标委下达了制定冰葡萄酒标准的计划，并于 2010 年发布实施。

由于冰葡萄酒价格昂贵，市场上产品质量参差不齐，真假难辨，在标准制定过程中起草小组进行了大量的指标检测、分析方法研究。除了常规指标外，还包括有机酸、多酚类、糖组分、金属元素等指标。从检测结果统计看，没有发现冰葡萄酒和其他葡萄酒的显著差异。目前假冒冰葡萄酒的主要手段有人工加糖、使用浓缩葡萄汁、人工冷冻等手段。人工加糖可以通过蔗糖含量加以限制，而浓缩汁、人工冷冻的手段还没有特征指标进行区分。因此，还有待加强对冰葡萄酒的深入研究，以保护正规企业，规范行业健康发展。

第三节　葡萄酒相关国家标准

　　自 2009 年第一版《中华人民共和国食品安全法》发布之后，我国开始制定"食品安全国家标准"，目前并没有直接针对葡萄酒的食品安全国家标准，只是在一些基础或者通用的食品安全国家标准中包括了葡萄酒相关标准。与葡萄酒相关的食品安全国家标准见下表。

葡萄酒相关标准

序号	标准编号	标准名称
1	GB 2758—2012	食品安全国家标准　发酵酒及其配制酒
2	GB 2760—2014	食品安全国家标准　食品添加剂使用标准
3	GB 2761—2017	食品安全国家标准　食品中真菌毒素限量
4	GB 2762—2017	食品安全国家标准　食品中污染物限量
5	GB 2763—2019	食品安全国家标准　食品中农药最大残留限量
6	GB 12696—2016	食品安全国家标准　发酵酒及其配制酒生产卫生规范
7	GB 5009.225—2016	食品安全国家标准　酒中乙醇浓度的测定

一、《食品安全国家标准　发酵酒及其配制酒生产卫生规范》(GB 12696—2016)

　　该标准基于我国葡萄酒（果酒）、黄酒及其配制酒行业发展现状，综合梳理我国葡萄酒（果酒）、黄酒及其配制酒生产卫生规范水平，在综合对比分析我国、ISO、OIV、澳大利亚等国内和国际标准基础上，遵循"先进性、适用性、有效性"的原则，修订了我国现行的发酵酒及其配制酒的生产卫生规范，包括《葡萄酒厂卫生规范》（GB 12696—1990）、《果酒厂卫生规范》（GB 12697—1990）和《黄酒厂卫生规范》（GB 12698—1990）。主要内容包括以下方面。

　　（一）厂房和车间

　　据葡萄酒（果酒）加工工艺要求，葡萄酒（果酒）生产区应被明确划分为葡萄（水果）原料加工区、发酵区、贮存陈酿区、原酒后加工区、灌装区等，并对酒窖的墙面和天花板的材料以及通风、温度和湿度进行了相关的要求。由于部分葡萄酒生产厂区只发酵生产原酒，明确其厂区应根据生产需要合理设计厂房。

　　（二）设施与设备

　　葡萄酒大部分发酵、灌装设备采用的是不锈钢罐，为保证使用效果，标准中明确要求新不锈钢罐在使用前应进行酸洗和钝化。除不锈钢罐以外，部分葡萄酒生产企业使用水泥池对葡萄酒进行发酵，为保证水泥池的卫生要求，应对防腐层提出相应要求。由于起泡葡萄酒产生二氧化碳会带来一定压力，为保证使用安全，标准中要求发酵罐应符合相关要求。葡萄酒（果酒）生产中橡木桶的使用频率较高，因此需保证橡木桶的清洁卫生，以免污染酒体，造成质量不佳。

（三）原料、食品添加剂和相关产品

考虑葡萄酒（果酒）行业存在果汁及原酒的生产与流通，为保证葡萄原料、葡萄汁、原酒、进口原酒等采购过程中的安全，本标准将果汁和原酒也纳入了原料控制给予规定，要求企业索要原酒发酵生产厂商的详细记录信息和生产许可、检验合格证明等文件。特种葡萄酒（果酒）所用原料有其特殊性，因此应符合其生产工艺或相关标准对原料的特殊要求。

（四）葡萄酒（果酒）生产过程中的食品安全控制

葡萄酒（果酒）生产过程按照工艺技术的内容分段，从发酵过程、原酒贮存与陈酿过程、稳定处理过程、过滤和灌装以及微生物监控等几个方面进行了规定。

● 明确发酵过程中应监测不良代谢产物产生情况，如目前正在制定相应食品安全国家标准的赭曲霉毒素 A 和氨基甲酸乙酯含量标准，必要时应采取措施控制。

● 对原酒存放与陈酿、运输和周转容器提出了要求，对过程中的温度控制和二氧化硫的使用提出了基本要求。

● 明确在使用稳定处理剂时应进行添加量的确定试验。

● 对灌装过程中使用的设备（贮酒罐、过滤器等）提出了相应的要求。

● 结合葡萄酒（果酒）生产企业的实际生产特点以及《食品安全国家标准 食品生产通用卫生规范》（GB 14881—2013）中"食品加工过程的微生物监控程序指南"要求，建立葡萄酒（果酒）加工过程中的微生物监控程序，主要针对成品酒的微生物监控。

二、《食品安全国家标准 发酵酒及其配制酒》（GB 2758—2012）

发酵酒是以粮谷、水果、乳类等为主要原料，经发酵或部分发酵酿制而成的饮料酒，包括啤酒、葡萄酒、果酒、黄酒、奶酒等。以发酵酒为酒基，加入可食用或药食两用的辅料或食品添加剂，进行调配、混合或再加工制成的、已改变了其原酒基风格的配制酒品种越来越丰富，其标准在实际应用过程中也存在一些问题，已不适应当前酒类发展的需要。特别是对于国际上一些特殊的酒种的适应性更差，已多次引起相应的技术争端，因此，必须对原标准按照国际通用要求进行彻底修改。受原卫生部委托，《食品安全国家标准 发酵酒及其配制酒》在原卫生标准的基础上进行了修订及发布实施。标准的重点修订内容包括以下方面。

（一）删除二氧化硫指标

二氧化硫作为加工助剂，在葡萄酒、果酒的生产中被广泛使用，并随着糖含量的增加而增加。二氧化硫在葡萄酒的生产过程中不仅起到防腐抗氧化的作用，而且可以调节和控制发

葡萄酒加工工艺与质量安全

酵，有助于产品澄清，并且可以作为酵母选择剂使用；还可在葡萄酒的制作过程中抑制发酵。原国家卫生标准葡萄酒、果酒中二氧化硫的限量为≤250mg/L。

由于甜发酵酒必须要使用二氧化硫，而国家标准限值过严，目前，国内葡萄酒生产企业在制作甜葡萄酒时，不得不加入其他防腐剂，以降低二氧化硫使用量。国外相关法规和标准对甜型酒中二氧化硫含量的要求通常根据实际生产需要，参照国外标准，对于甜型酒二氧化硫限值改为≤400mg/L。按照食品安全国家标准管理的统一要求，二氧化硫指标应与GB 2760一致，产品标准中不再单独进行规定，因此，此次修订将二氧化硫从本标准中删除。

（二）污染物限量

原卫生标准中啤酒、黄酒的污染物限量值≤0.5mg/L；葡萄酒、果酒≤0.2mg/L。按照食品安全国家标准管理的统一要求，污染物指标统一放在GB 2762中，产品标准中不再单独进行规定，因此，此次修订将铅从该标准中删除。

（三）删除菌落总数和大肠菌群

菌落总数和大肠菌群是卫生指示菌，反映的是生产操作环境的卫生状况，是用来判定食品被细菌污染的程度及卫生质量，它反映食品在生产过程中是否符合卫生要求，以便对被检样品作出适当的卫生学评价。

起草组通过查阅国际同类标准发现国际上均未设置这两项指标，起草组的检测结果也是很好的印证。微生物组专家建议将菌落总数和大肠菌群作为生产加工过程中的控制指标放入生产规范中，该标准不再设置菌落总数和大肠菌群。

（四）标签及警示语

将标签内容纳入产品标准中，规定了饮料酒产品标签的具体要求，包括酒精度的标示、警示语的标示等内容。

三、检验方法标准（气相色谱－质谱法测定邻苯二甲酸酯的方法标准）

葡萄酒生产过程中的重要污染来源为邻苯二甲酸酯。邻苯二甲酸酯最初用于增加塑料制品尤其是PVC材质的成塑性。随着近代工业化的发展，邻苯二甲酸酯也被广泛地应用于不同领域，如油漆、涂料及化妆品领域。根据世界卫生组织（WHO）的调查，全球每年生产的邻苯二甲酸酯达到800万t。相关研究表明，邻苯二甲酸酯每年通过各种途径如迁移、挥发等进入环境中的剂量占年产量的1.8%。我国葡萄酒中的邻苯二甲酸酯主要来源于食品接触材料的迁移。

（一）标准操作程序

目前，国内针对邻苯二甲酸酯的检测方法标准主要采用GC－MS和LC－MS/MS法，定量方法有内标法和外标法。

（二）注意事项

- 试验过程中严禁使用塑料制品，试样不得与塑料制品接触，特别是含 PVC 的制品。

- 玻璃器皿：玻璃器皿用沸水浸泡 0.5h，以去离子水清洗后，于重铬酸钾洗液中浸泡 24h，再以去离子水清洗，正己烷洗涤后，放入 400℃马弗炉中烘烤 2h 以上，放至室温备用。

- 试剂：试验所需试剂（甲苯、正己烷、去离子水）进行 GC－MS 分析，邻苯二甲酸酯类物质的含量水平均需处于检出限以下。

- 进样瓶：以铝箔纸代替进样瓶垫，密封进样瓶。

- 手套：试验时需佩戴丁腈手套。

- 空白试验和加标回收试验：空白试验中邻苯二甲酸酯类物质的含量水平均需处于检出限以下；各邻苯二甲酸酯类相对加标回收率为 70%～120%。平行测试次数至少为 3 次。

第四节　葡萄酒相关国际标准

国际食品法典委员会并未制定葡萄酒产品标准，目前，国际葡萄与葡萄酒组织（OIV）制定了一系列葡萄酒质量标准及其规范。从葡萄酒定义、分类等质量标准，到葡萄生产、种植、葡萄酒的酿造、贮存直至葡萄酒的标签标示等都作出了规定。OIV 制定的标准仅适用于其成员国，美国和中国都不在 OIV 标准管辖之内。

葡萄酒是由葡萄汁（浆）经发酵酿制的饮料酒。国际葡萄与葡萄酒组织（OIV）对葡萄酒的定义为"100%的葡萄或葡萄汁经自然发酵后含酒精的饮料，其酒精度不能低于 8.5%（体积分数）"，但对于特殊地区的葡萄酒，也允许酒精度低至 7%（体积分数）。我国国家标准规定：以鲜葡萄或葡萄汁为原料，经全部或部分发酵酿制而成的，含有一定酒精度（酒精度≥7%（体积分数），特种葡萄酒按相应产品标准执行）的发酵酒称为葡萄酒。所以，简而言之，葡萄酒是以新鲜葡萄或葡萄汁为原料，经酵母发酵酿制而成的酒精度不低于 7%（体积分数）的各类酒的总称。

OIV 在官方网站公布了相关的标准和技术文件列表，这些文件作为官方文件被各成员国统一采纳，同时提供该组织使用的 5 个语种。网站还公布了葡萄产品定义、标签、酒类产品酿酒规范和规格。此外，OIV 专家组的一些工作也以专家报告的形式进行公布。文件还公开了一些分析方法和酿酒实验室的质量保证文件，公布了葡萄来源的葡萄酒、葡萄原汁和蒸馏性饮料的分析组分测定以及葡萄酒的检验程序。

一、产品定义标准

作为一个葡萄与葡萄酒发展的参考组织，OIV 的定义和产品说明是为了促进各国法律的协调和提高葡萄产品的开发及营销。对葡萄产品的定义包括在国际酿酒规范的第一部分。该部分为了将葡萄产品标准化制定了技术和法律参考文件，将之作为国家或国家之上法规的基础，并建立在国际贸易问题上施用。不同类别的葡萄产品定义：葡萄；未发酵葡萄汁；葡萄酒；特种葡萄酒；其他各类葡萄酒；来自葡萄产品、葡萄汁或葡萄酒；酒、醇和葡萄起源的精神饮料。

- 酿酒葡萄：用于酿酒的新鲜葡萄，在葡萄酒厂可能会经过破碎、压榨、酒精发酵。

- 葡萄汁：从鲜葡萄得到的液体产品，可以是自然产生的，也可以通过以下方法产生：挤压、除梗、破碎、沥汁、压榨。

- 中途抑制发酵的葡萄汁：葡萄汁经过以下操作，酒精发酵被终止：二氧化硫处理、二氧化碳抑制、葡萄汁碳酸化，它允许含有少量自发的酒精，但不能超过 1%（体积分数）。

- 浓缩葡萄汁：是未经发酵也未产生焦糖的产品，通过 OIV 许可的方法对葡萄汁部分脱水而保存的葡萄汁，在 20℃时，密度不低于 1.240g/mL。

- 产生焦糖的葡萄汁：未发酵，通过直接加热使葡萄汁进行部分脱水而保存的葡萄汁。在 20℃时，密度不低于 1.30g/mL。

- 葡萄酒

葡萄酒：只能是破碎或未破碎的新鲜葡萄果实或葡萄汁，经完全或部分酒精发酵后获得的饮料，酒精度不得低于 8.5%（体积分数）。

然而，考虑到气候、土壤、葡萄品种，特别是葡萄园的自身因素和传统因素，某些地区的立法规定酒精度不得低于 7.0%（体积分数）

糖含量	干葡萄酒：糖含量≤4g/L，或者当总糖与总酸（酒石酸计）的差值小于或等于 2.0g/L 时，糖含量最高为 9g/L。
	半干葡萄酒：4g/L＜糖含量≤12.0g/L，或者当总糖与总酸（酒石酸计）的差值小于或等于 2.0g/L 时，糖含量最高为 18.0g/L。
	半甜葡萄酒：12g/L＜糖含量≤45.0g/L。
	甜葡萄酒：糖含量＞45.0g/L。
二氧化碳含量	平静葡萄酒：在 20℃时，二氧化碳浓度小于 4g/L。
	低泡：在 20℃时，二氧化碳浓度为 3~5g/L。

特种葡萄酒：由新鲜葡萄或葡萄汁在发酵过程中或发酵后经特殊处理，使其风味不仅来自葡萄本身，而且来自使用的生产工艺

利口：在葡萄汁（部分发酵的葡萄汁）或葡萄酒中，加入浓缩葡萄汁、含焦糖葡萄汁、蜜甜尔、过熟葡萄、葡萄干、焦糖，使其终产品酒精度为15.0%~22.0%（体积分数）的葡萄酒。但本国市场上的最高酒精度可为22.0%~24.0%（体积分数）。一些国家也规定可以添加葡萄酒精
葡萄汽酒：酒中所含二氧化碳是部分或全部由人工添加的，具有同起泡葡萄酒类似物理性质的葡萄酒
冰葡萄酒：将葡萄推迟采收，当气温低于 -7℃使葡萄在树枝上保持一定时间，结冰，采收，在结冰状态下压榨，发酵，酿制而成的葡萄酒（在生产过程中不允许外加糖源）。葡萄汁的潜在酒度最低为15%（体积分数），冰葡萄酒的最低酒精度为5.5%（体积分数），挥发酸不低于2.1g/L（以乙酸计）
产膜葡萄酒：葡萄汁经过全部酒精发酵，在酒的自由表面产生一层典型的酵母膜后，加入葡萄白兰地、葡萄酒精或食用酒精，所含酒精度等于或大于15.0%（体积分数）的葡萄酒。
起泡葡萄酒：在20℃时，二氧化碳压力等于或大于3.5bars。当容器小于0.25L时，二氧化碳压力等于或大于3.0bars（1bar = 0.1MPa）
天然高泡：酒中糖含量小于或等于12.0g/L（允许差为3.0g/L）的高泡葡萄酒
绝干高泡：酒中糖含量为12.1g/L~17.0g/L（允许差为3.0g/L）的高泡葡萄酒
干高泡：酒中糖含量为17.1g/L~32.0g/L（允许差为3.0g/L）的高泡葡萄酒
半干高泡：酒中糖含量为32.1g/L~50.0g/L（含）的高泡葡萄酒
甜高泡：酒中糖含量为大于50.0g/L的高泡葡萄酒
甜型酒：由新鲜葡萄或葡萄汁部分发酵产生，残糖（葡萄糖 + 果糖）含量不低于45g/L。残糖由自然发酵产生，可来自成熟葡萄或葡萄干或冻葡萄。其酒精度不低于4.5%（体积分数），在发酵之前，葡萄的潜在酒度不低于15%（体积分数）

蜜甜尔：在未经发酵的新鲜葡萄或葡萄汁中〔最大酒精度为1%（体积分数）〕中加入白兰地、食用酒精或葡萄酒精获得的产品。如蜜甜尔作为加工用产品，其葡萄汁的潜在酒度不低于8.5%（体积分数），产品的酒精度为12.0%~15.0%（体积分数）。如蜜甜尔作为直接消费品，葡萄汁的潜在酒度不低于12.0%（体积分数），产品的酒精度为15.0%~22.0%（体积分数）

葡萄、葡萄汁、葡萄酒产品
蒸馏葡萄酒：利口葡萄酒是干葡萄酒用葡萄蒸馏酒强化获得，最低乙醇含量18%，最高浓度24%
葡萄糖是浆状的，乳白色或者轻微黄色的产品，味中性，从葡萄原汁获取，有对应的国际酿酒药典分析方法。
葡萄饮料：不能用于酿酒
浓缩葡萄饮料
轻度起泡葡萄饮料
以葡萄产品为基础的饮料
葡萄酒饮料
加香葡萄酒：含有至少75%的葡萄酒或特种葡萄酒，经过加香过程，允许添加葡萄酒精、葡萄酒蒸馏物、食用酒精。允许甜度改良、色度改良、特殊工艺处理。实际酒精度为14.5%～22%（体积分数）
无醇葡萄酒 （1）由葡萄酒或特种葡萄酒转化而来； （2）经过了某些特种工艺； （3）酒精度小于0.5%（体积分数）
低醇葡萄酒 （1）由葡萄酒或特种葡萄酒转化而来； （2）经过了某些特种工艺； （3）酒精度大于或等于0.5%（体积分数），但小于葡萄酒或特种葡萄酒的酒精度
Wine vinegar：葡萄酒经过乙酸发酵，酸度最低为60g/L（以乙酸计），酒精度最高为4%（体积分数）

二、葡萄酒标签标准

葡萄酒标签标准是OIV在遵守国际食品法典委员会预包装食品标签标准的前提下制定的，内容包括：销售给消费者预包装葡萄酒标签的强制性信息、成员国生产者的可选择信息。这些内容经过第63次、第64次、第65次、第68次、第72次、第73次和第83次葡萄酒国际办公室会议，以及OIV的2005年、2006年、2010年以及2011年的葡萄酒法规和质量控制工作组的历次讨论确定的。最新版本为2015年修订版。

OIV葡萄酒国际标签标准规定的标签内容包括强制性和可选择标示两部分内容。禁止标示任何误导产品来源和本质的任何信息或者说明。

（一）强制标示内容

• 产品名称

"葡萄酒"产品名称的标示必须注明产品特定分类的类型。可单独标示"葡萄酒"的产品仅适用于本标签标准"葡萄酒"定义的产品。

葡萄酒必须标示认可的原产地名称或者认可的地理标志。针对葡萄酒，名称认可跟产品的地理特性包括天然和与人为因素相关的产品质量和/或特征相关。

- 酒精度信息

酒精度必须强制标示，最高不超过 0.5%（体积分数），目前上升至 0.8%（体积分数）。

- 添加剂信息

本条款仅考虑在天然状态下没有明显用量的添加剂，包括超过 10mg/L 的总二氧化硫以及山梨酸。但是如果成员国自己的法规不要求全部声称食品中配料时，该条款可豁免。

- 标准容积

实际容积平均不得低于标准容积，实际容积与标准容积之间的差被认为负偏差。标签标准对不同标准容积的葡萄酒规定了最大容许的负偏差。

- 产地国家

在国际交流中，葡萄酒的原料——葡萄的收获和酿造国家的官方或通用名称必须提及。当葡萄种植和酿造在不同的国家，或者葡萄酒是不同国家葡萄酒的混合产品时，产地国家名称的使用依赖于国家协定。

- 包装负责人名称和地址

对包装负责人名称可以是：物理人的父姓名字、公司的登记名称、公司的商业名称。负责人员地址是产品实际加工或执行的地址。

- 批号信息

批号信息是同一条件下葡萄酒产量的确定信息。

（二）可选择标示内容

- 商标

商标必须遵守国家法律规定；商标不能与原产地保护以及认可的地理标志相矛盾。

- 销售商。
- 葡萄栽培控股者。
- 葡萄品种名称。
- 葡萄酿造或采摘年份。
- 葡萄酒类型。
- 葡萄酒老化。
- 质量的传统术语。
- 金牌及特质。

三、葡萄酒限量规定

OIV 对葡萄酒中各类物质的添加限量和有害物质的残留限量作出了详细的规定，见下表。

	添加限量	残留限量
增酸	乳酸	酸浓度的增加量不高于 4g/L（以酒石酸计）
	L(－) 或 DL 苹果酸	
	L(＋) 酒石酸	
	柠檬酸	
硫酸钙		
硫酸铵	0.3g/L	
砷		0.2mg/L
抗坏血酸	250mg/L	300mg/L
硼		80mg/L（以硼酸计）
溴化物		1mg/L（对某些盐碱地葡萄园产的异常葡萄酒限制）
镉		0.01mg/L
酒石酸钙	200g/L	
活性炭	100g/L	
柠檬酸	1g/L	
铜		1mg/L；经过无酒精发酵或部分酒精发酵的利口酒 2mg/L
硫酸铜	1g/100L	
磷酸氢二铵	0.3g/L	
二甘醇		≤10mg/L
乙二醇		≤10mg/L
氟化物		1mg/L（除了葡萄园经冰晶石处理）；葡萄园经冰晶石处理 3mg/L
阿拉伯胶	0.3g/L	
溶解酶	500mg/L	
锦葵花素双葡萄糖苷		15mg/L

续表

	添加限量	残留限量
铅		0.15mg/kg
偏酒石酸	10g/100L	
甲醇		红葡萄酒400mg/L；白葡萄酒和桃红葡萄酒250mg/L
纳他霉素		5μg/L
PVI/PVP	<500g/100L	乙烯吡咯烷酮<10μg/L 乙烯基咪唑<10μg/L 吡咯烷酮<25μg/L 咪唑<150μg/L
PVPP	80g/100L	
(S)-(+)-1,2-丙二醇	80g/100L	
氯化银	1g/100L	<0.1mg/L（银）
Sodium in excess		80mg/L
山梨酸	200mg/L	
硫酸盐		1g/L（以硫酸钾计） 1.5g/L：橡木桶中陈酿至少2年的葡萄酒、甜型葡萄酒、经添加外源酒精或白兰地的葡萄酒 2g/L：加入浓缩葡萄汁的葡萄酒、自然甜型葡萄酒 2.5g/L：产膜葡萄酒
二氧化硫		150mg/L：还原物质不低于4g/L的红葡萄酒 200mg/L：还原物质不低于4g/L的白葡萄酒和桃红葡萄酒 300mg/L：还原物质大于4g/L的红葡萄酒、白葡萄酒和桃红葡萄酒 400mg/L：某些甜型白葡萄酒
挥发酸		1.2g/L（以乙酸计）；在某些陈化葡萄酒中的挥发酸可超过1.2g/L
Yeast ghosts	40g/100L	
锌		5mg/L

第六章

葡萄酒立法及规制协调

针对葡萄酒的立法历史久远，且从地方、国家层面发展到地区和国际层面。就其内容而言，一方面，葡萄酒的立法涉及诸多不同的法律部门和部门法律，因而，其可从一个视角去观察各类法律的具体适用，一是与葡萄种植相关的环境法、农业法等；二是与葡萄酒生产和销售相关的知识产权法、税法、商法、国际贸易法等；三是从安全以及质量的角度，针对葡萄酒的行政规制和关联的行政法。另一方面，针对葡萄酒命名、产地、工艺和标识等内容作出的法律要求也构成了独特的葡萄酒法律，随着葡萄酒生产和消费的全球化，呈现一个从欧洲到全球的发展，并出现了葡萄酒新旧世界之间的争议。

在新旧葡萄酒世界并存的格局下，中国的葡萄栽培和葡萄酒酿造历史悠久。目前，中国已成为世界上葡萄种植面积第二大的国家，同时也是一个有着巨大潜力的葡萄酒消费市场。相应的，一方面，中国的地理和气候为葡萄种植提供了便利的条件，且葡萄酒的酿酒生产也呈现区域化、基地化、良种化的发展。另一方面，消费的"土豪型"也被理性消费逐渐替代，且在消费量增长的同时，消费认知也在提升，且偏好也日益差异和多样化。然而，利益驱动的葡萄酒欺诈和食品安全事故也随之而来。

中国针对食品安全领域的从严监管也有助于打击葡萄酒厂的安全与质量欺诈，以保护消费者的健康和其他如经济、知情和选择权利。而且，有关葡萄酒的监管不仅需要着眼于消费者的保护，也需要考虑产业的有序发展。在这个方面，"十一五"期间已经有"酿酒葡萄种植是葡萄酒生产加工的第一车间"的理念。在此期间，修订发布了《葡萄酒》（GB/T 15037—2006）国家标准，对葡萄酒专业术语和定义、产品分类、包装、运输、贮藏等进行了规范，并进一步与国际标准接轨。可以说，2008年1月1日起在生产领域里内实施的葡萄酒标准，通过由推荐性国家标准改为强制性国家标准，有力促进了我国葡萄酒产品质量的提高。诚然，有关食品的一般立法和可以作为技术法规的国家强制食品安全标准为葡萄酒的监管提供了法律依据，但是，随着葡萄酒行业的发展和消费的增多，以及葡萄酒通过文化、旅游、贸易等呈现的商业价值也需要强化这一产业的管理。

第一节　葡萄酒立法的历史演变和全球化规制

从葡萄的种植到葡萄酒的生产，葡萄酒是典型的食用农产品，即处于农业和工业化农业之间，后者指借助工业的手段和设备，对初级农产品进行深加工，有如葡萄酒的生产。然而，葡萄酒是农产品还是工业品尚存争议，主要的原因在于前者注重地理和环境因素对于产品的影响以及由此而来的差异性，后者可以借助标准化来提高产量，并利用各类化学物质来改善农业品的天然性。尽管这已经成为如何开展葡萄酒规制的一个争议，但不可否认的一点是，葡萄酒之所以受到重视是因为其所具有的商业性。正因为如此，葡萄种植和葡萄酒酿造被视为重要的经济活动。其在传入希腊后，便迅速成为农产品、生活必需品和贸易品。尽管希腊并非葡萄驯化栽培和酿酒技术的起源地，但葡萄酒之所以能深入全球的社会与文化，则是古希腊罗马的贡献，尤其是古罗马。① 就早期欧洲地区的传播而言，公元前3000~前2000年，驯化栽培的葡萄出现在希腊南部、克利特岛、塞浦路斯后，公元前2000年初期，葡萄栽培出现在巴尔干半岛南部，公元前1500年被传到意大利南部，公元前600~前500年被传到意大利北部、法国南部。在此期间，腓尼基人也将葡萄及栽培技术通过北非传到了西班牙。②

葡萄酒的最早立法，可以追溯到罗马帝国皇帝图密善所颁布的有关葡萄藤的诏书。当时，罗马帝国面临着饥荒和粮食产量的不足问题，一个原因便是大量的土地被改种葡萄这一经济作物，且葡萄酒的产量过剩。鉴于此，该诏书限制了葡萄的种植，尤其是拆除了各行省一半的葡萄种植园，以便腾出更多的耕地用于谷物种植。尽管这一诏书的适用范围是整个罗马帝国，但是，很多罗马帝国的行省都没有严格执行这一法律。③ 公元212年，罗马皇帝卡拉卡拉颁布"安东尼努斯敕令"，赋予帝国境内所有自由民以公民权，这项法令取消了原先意大利人种植酿酒葡萄的特权，各行省的人都可以自由开展葡萄种植业。而到公元280年，图密善的禁令诏书也被废除了。④ 此外，葡萄酒商业性所驱动的种植扩大化及其问题，不限于与其他种植业之间的耕地竞争。随着罗马人迁移到高卢地区（即现在的法国），葡萄种植也被带到了此地。然而，为了限制高卢所产葡萄酒给罗马本地种植者带来的竞争，罗马主管当局针对高卢地区的葡萄酒酿造作出了限定规定。而且，为了保证葡萄酒的真实性和防止欺

① 贾长宝：《文明史视角下的古罗马葡萄和葡萄酒研究》，载于《农业考古》2013年第3期，第186页。
② 贾长宝：《从文明史视角看古希腊葡萄和葡萄酒的起源传播及影响》，载于《农业考古》2013年第1期，第292页。
③ Lindsey A. Zahn, Domitian's vine edict: the story of the first wine law, August 9, 2011, available at: http://www.winelawonreserve.com/2011/08/09/domitians-vine-edict-story-wine-law/ （最后访问2017-09-15）。
④ 贾长宝：《文明史视角下的古罗马葡萄和葡萄酒研究》，载于《农业考古》2013年第3期，第191页。

诈，罗马业已针对双耳酒罐的标识作出了规定，并借助数字、字母、编码、图画等来识别葡萄酒的生产者。而且，当时也有类似现在的分级体系，根据种植区域确认葡萄酒的等级。尽管葡萄酒通过水的稀释可以提高葡萄酒的解渴度和安全性。但是，基于经济利益的驱动，一些葡萄酒的掺假掺杂行为盛行，例如，在葡萄酒中加入浓缩的葡萄汁、盐、白垩粉和树脂等。① 鉴于此，打击葡萄酒的掺假掺杂行为，确保其货真价实成为葡萄酒立法的重点，并由此产生了葡萄酒的产区、评级等制度。

一、欧洲国家的葡萄酒立法和欧盟的协调

就欧洲各国有关葡萄酒的立法而言，一个重要的背景是 18 世纪以来，葡萄酒的消费增长导致了大量的造假，尤其是低廉价格的葡萄酒。为此，一些葡萄酒的生产商借助添加剂和稀释剂来提高葡萄酒的供应量，而且这些物质也可以保障出口葡萄酒的品质不变。鉴于此，需要针对原产地标识等有关葡萄酒产区的信息来保障消费者免受欺诈所导致的权益损害。在此，可以从法国、意大利、西班牙、德国这些国家了解葡萄酒立法在国家层面的推进情况和欧洲特色。

（一）法国

对于法国而言，葡萄酒既关联地理，也是历史的一部分，并由此构成了法国引以为傲的葡萄酒文化。由于古罗马的影响，法国在 2 世纪初尚被称为高卢时，便已经成为地中海的世界葡萄酒著名产地，且葡萄酒已经成为其重要的出口产品。② 而长久以来，法国的每个地区都基于自身的特点发展葡萄酒。在这个方面，Terroir③ 是一个基于法语的重要概念，其是指一系列影响作物外观的环境因素，包括独特的环境背景、农业作业和作物自身的生长特点。④ 基于这些要素的整体作用，最后形成了一个独有的特点，并借助上述可以解读为"风土"的概念来描述。之所以强调这样的概念，因为其不仅说明了产品从文化及其传承给一个地方所带来的认同和识别度，同时也强调了地方和传统的价值，尤其是经济性的。换而言之，提高葡萄酒的质量可以带来商业利益。正因为如此，需要结合身份识别、地理地区和传统文化并对其加以保护。

具体到葡萄种植和葡萄酒酿造，Terroir 的概念是指一个具有独特物理、地理和气候特点的地区，并通过综合作用生产了具有自身感官特点和个性的独特葡萄酒。可以说，Terroir 的概念是构建葡萄酒产区和原产地命名制度的基础所在。就法国而言，葡萄酒的评级是因为波

---

① Peter Barton Hutt, Government regulation of the integrity of the food supply, Annual Review Nutrition, 1984, 4, p. 2.

② 贾长宝：《文明史视角下的古罗马葡萄和葡萄酒研究》，载于《农业考古》2013 年第 3 期，第 190 页。

③ 原注：国内有将 Terroir 理解为"风土"的，指出其不仅包含土壤这一个要素，其涉及到坡度、日照等环境因素。

④ Christopher Anastasiades, What is terroir, September 2015, available at：https：//www. greatdomaines. co. za/blog/2015/09/21/what – is – terroir/（last accessed on September 8, 2017）.

尔多和勃艮第富有的土地主希望可以保持持续性的收益，为此，针对国家所产的葡萄酒，构建了许多非正式分级。其中，最为著名的是 1855 年由波尔多商会责成葡萄酒经纪人工会制定的评级制度。简要来说，当时波尔多地区的红葡萄酒以出口为主。作为优质葡萄酒的消费者，英国人对葡萄酒的品质要求和认识细化进一步促进了波尔多地区的葡萄酒定位和排位，包括精确到酿酒技术出色的村镇和著名的酒庄，以及由此而来的分级。换而言之，这样的分级制度可以帮助消费者了解其购买的葡萄酒的生产过程和质量情况。从商业性的市场细分到官方确认的分级制度，一个转折点便是 1855 年世界博览会之际，为推广波尔多葡萄酒而需要一份详细的红葡萄酒全部评级酒庄的名单。最终出炉的名单便是今日也依旧被尊崇的"1855 年评级制度"。[①] 值得一提的是，不同于波尔多以酒庄为标准的分级制度，勃艮第的葡萄酒评级制度则是以葡萄园的自然位置和风土条件来分级的。

鉴于各个地区的差异化发展，法国原产地名称委员会（CNAO）于 1935 年将地方传统汇编成了法律，并由此构建了法国的原产地命名控制（AOC）制度，且成为其他许多国家构建产区和评级管理的模板。随着越来越多的葡萄酒列入原产地命名控制的范围，诸如优良地区餐酒（VDQS）、地区餐酒（VdP）和日常餐酒（VdT）的先后排序也随即发展起来，其中日常餐酒与原产地命名控制一并落实于 1937 年，优良地区餐酒落实于 1954 年，地区餐酒落实于 1976 年。目前，上述的 4 个级别已经重置为 3 个，包括由 AOC 和 VDQS 合并而来的原产地命名保护（AOP），由地区餐酒改为受保护的地理标志，日常餐酒改换成法国葡萄酒。

此外，一个值得补充的背景是，由于葡萄根瘤蚜灾害给欧洲葡萄酒业带来的损失，而工业化和化工行业的发展使得一些制造商可以利用化学物质来提高葡萄酒的产量抑或改变诸如口味、色泽等葡萄酒质量特征。为了打击葡萄酒以及其他的食品和饮料欺诈，政府开始进行立法干预，包括对葡萄酒和葡萄酒生产方法的定义。例如，1889 年的 Griffe 法律试图通过定义葡萄酒的概念来进行立法干预，这也促进 1905 年出台了一部综合性的反食品欺诈法律以及 1907 年明确定义葡萄酒和香槟酿造工艺的法律。[②] 因为如此，法定产区这样的葡萄酒管理制度有着双重的目的，一方面是打击葡萄酒欺诈，如对葡萄种类的限制；另一方面是基于 Terroir 的理念确保葡萄酒的质量控制。从地理到产区制度，Terroir 始终是构建这一制度及其管理的基础，由此而来的政治意义也是鲜明的，一是葡萄酒被视为法国的一种国家身份象征，因此构建原产地命名制度来规制葡萄酒；二是因为这些产区制度，国家有责任确保不同年份或不同地区的葡萄酒保持差异性；三是从 Terroir 到产区制度，都赋予了某地的地方特

---

① 红酒世界：1855 年葡萄酒分级制度的历史，2012 年 8 月 31 日，http://www.wine - world.com/culture/zt/20120831145122000（最后访问时间 2017 - 09 - 11）。

② Julia Abramson, Food culture in France, Greenwood Press, 2007, pp. 33 - 34.

权，进而要求国家保护这些地区的传统酿酒技术，并以此表明地方差异。[①]

就法国针对葡萄酒的管理制度而言，其特点可以做如下总结。

第一，葡萄酒的欺诈不仅具有历史性，且随着葡萄酒贸易的全球化和消费需求的增加，有愈演愈烈之势。而且，法国葡萄酒也因为其国际声誉而成为被仿冒最多的产品。正是在反葡萄酒的欺诈中，才推动了法国有关食品和饮料的立法发展。此外，打击假冒葡萄酒的一个重要原因是这些劣质葡萄酒可能导致人的失明或减少人的寿命。因此，保障公众健康也是一个重要的立法及其发展原因。[②]

第二，为了应对葡萄酒欺诈和保障优质葡萄酒，法国中央政府干预了葡萄酒的管理，尽管欺诈关联商业利益、消费者健康及其他利益，但比较而言，诸如法定产区等制度的建立都是为了保护行业利益。[③] 需要指出的是，尽管有统一的主管部门——国家原产地命名机构（INAO），但是，该制度在落实中还是呈现分散的特点，因为如何命名产地是地方葡萄种植者的选择，而地方的风土差异很大，这使得葡萄酒的名称也各不相同。[④]

第三，法国的葡萄酒管理制度对其他国家的影响深远，但同样值得关注的是，由于法国在非洲殖民中所产生的影响涉及葡萄酒的传播和管理，并由此影响到了法国本土对于葡萄酒的规制。例如，阿尔及利亚曾是重要的葡萄酒出口国，而法国的规章制度对其葡萄酒行业的发展产生了重要的影响，并反过来促进法国针对葡萄酒的监管，尤其是用质量体系来排除进口葡萄酒的竞争。[⑤]

（二）意大利

自古以来，意大利就被视为"产酒的土地"，这一方面是当地的气候适宜葡萄栽培，另一方面则是历史原因，包括希腊海外贸易及殖民时期，意大利南部开始种植葡萄和酿造葡萄酒，以及罗马帝国和中世纪宗教期间对于葡萄酒发展的助推，都促进了各类葡萄酒酿造技术的保留与传承，也因此培育了当地的葡萄酒文化。可以说，在中世纪时期，意大利的葡萄酒已经获得了国际声誉。然而，在19世纪暴发的葡萄根瘤蚜灾害中，意大利的葡萄园也受到了影响。在失去优质葡萄树后，改种了产量高但质量不高的葡萄树。此后，意大利生产了大量廉价的葡萄酒，并供应全球市场。直到1963年出台的意大利葡萄酒法律才遏制了这一趋势，并通过对葡萄酒质量和标识的规定以及激励葡萄酒工艺的现代化，使得意大利的葡萄酒

① MacLean, Christopher D. , Heeding cultural prerogatives: the evolving politics of wine regulation in France, 2007, Calhoun: the NPS Institutional Archive, p. 3

② Benoit Lecat et al. , Fraud and counterfeit wines in France: an overview and perspective, British Food Journal, 2017, 119 (1), p. 86.

③ MacLean, Christopher D. , Heeding cultural prerogatives: the evolving politics of wine regulation in France, 2007, Calhoun: the NPS Institutional Archive, p. 2.

④ Ed McCarthy, Mary Ewing Mulligan, Maryann Egan, Wine all – in – one for Dummies, Wiley Publishing, 2009, p. 135.

⑤ Giulia Meloni and Johan Swinnen, The rise and fall of the world's largest wine exporter – and its institutional legacy, Journal of Wine Economics, 9 (1), 2014, pp. 3 – 33.

再次获得国际声誉。

而就葡萄酒的原产地命名立法而言，意大利的模式是以法国模式为原型的，其确认了意大利传统的酿酒技术和每一个葡萄栽培以及葡萄酒酿造环节的规制，包括葡萄种类的选择到加工、陈化和装瓶。而鉴于新培育的葡萄品种和创新技术，意大利的法律也作出了修改，以便激励这方面的新尝试。[①] 其中，意大利针对葡萄酒的原产地命名制度 DOC 建立于 1875 年。同时，鉴于地理条件的多样性，意大利另外又建立了一套 IGT 的制度，其是针对那些创新性的高质量葡萄酒的评级制度。

（三）西班牙

西班牙是世界上最大的葡萄园之国，[②] 也是历史悠久的葡萄酒生产国，目前仅次于法国和意大利，是世界上第 3 大的葡萄酒生产国。然而，就知名度而言，西班牙葡萄酒的崛起却是 20 世纪 80 年代以来的改革成果。就历史发展而言，腓尼基人将葡萄及栽培技术通过北非传到了西班牙。尽管当时的西班牙葡萄酒也借助地中海和大西洋沿岸的货运参与国际贸易，但其并没有什么知名度。而且，值得一提的是，当西班牙处于摩尔帝国统治时期，即公元 7 世纪到 1492 年期间，其葡萄酒的法定贸易被禁止了。直到重获自由，葡萄酒才重归西班牙人的日常生活。[③] 尽管一般都认为伊斯兰教会绝对禁止葡萄酒以及其他酒精饮料的消费，但当西班牙被信奉伊斯兰教的摩尔帝国统治时，依旧有葡萄的种植和葡萄酒的消费，一种甜味葡萄酒就是来自葡萄干的酿制，但是用于出口的非常少，公共酗酒也是禁止的。[④]

对于西班牙葡萄酒的崛起，有 3 个值得一提的重要转折点。

一是在发现美洲新大陆后，许多到达美洲大陆的葡萄酒都出口于西班牙。例如，到 1510 年，西班牙 1/3 的出口产品都是葡萄酒。因此，西班牙各地都开始投资葡萄园和葡萄酒酿造厂。也是在这一时期，里奥哈的葡萄酒生产获得了重要的经济效益。为了保障该地区葡萄酒的质量，地方立法对产量作出了限制。[⑤]

二是葡萄根瘤蚜灾害期间。当法国、意大利等葡萄酒产区国家因为葡萄根瘤蚜灾害而遭受损失时，西班牙所在的地理区域使其在灾害早期幸免于难。而且，法国本地对于葡萄酒的需求和供应不足，也促进了西班牙葡萄酒的出口，导致法国对这一地区进行投资。例如，许多法国波尔多的酿酒师来到西班牙的里奥哈，带来了他们的酿酒技术与经验，进而促进了该

① Sharron McCarthy, Italian wine laws, available at http://centinestyle. it/pdf/ItalianWineLaws. pdf（最后访问时间 2017 - 09 - 07）。

② 刘驯刚：《西班牙——世界最大的葡萄园》，载于《酿酒》1986 年第 5 期，第 40 页。

③ Ginger Man, The state of Spain and Spanish wine history, March 2015, available at: http://www. albanygingerman. com/state - spain - spanish - wine - history/（最后访问时间 2017 - 09 - 18）。

④ Stefan K. Estreicher, A brief history of wine in Spain, European Review, 21（02），2013, p. 216.

⑤ Stefan K. Estreicher, A brief history of wine in Spain, European Review, 21（02），2013, pp. 220 - 221.

地的葡萄酒行业发展。需要补充的是，在灾害之前，里奥哈等地区的葡萄酒生产商已经开始和法国波尔多等地区进行交流，并引进那里的先进技术。因此，葡萄根瘤蚜灾害前后，西班牙葡萄酒的崛起主要表现为技术上的发展。

三是借助立法提高葡萄酒的质量控制。第一次世界大战后，对于葡萄酒廉价的诉求导致了许多低劣葡萄酒的销售，如混合优质葡萄酒和来源地不明的低质葡萄酒。因此，法规被视为保障葡萄酒质量的重要手段，并借此稳定价格。例如，1902 年的皇家法案就规定了里奥哈原产地的定义。而 1926 年成立于里奥哈的规制委员会进一步明确了生产区域和使用里奥哈命名的规则，并于 1945 年成为法定框架，于 1953 年正式启用。期间，1932 年又引入了西班牙的原产地命名体系（DO）。然而，后续而来的内战和第二次世界大战又再次影响了西班牙的葡萄酒产业。直到 1970 年 12 月 2 日出台了第 25/70 号法律和借此许可的葡萄藤、葡萄酒和酒精法案，以及随后新建的控制委员会开创了提高西班牙葡萄酒控制体系的新篇，并由此为其赢得了有效且严格的管理知名度。鉴于国内宪法的修订以及 2004/79 号法令的规定，该控制委员会于 1982 年进行了更新，并引入了针对数量和质量以及适用于生产和销售的双重控制，内容涉及葡萄园、葡萄酒酿酒厂的注册、控制种植行为、最大产量、新葡萄酒许可、监测陈化时间等。[①] 当然，随着西班牙加入欧盟，欧盟的关联立法也对其有关葡萄酒的生产和评级制度产生了影响。

（四）欧盟

在各成员国葡萄酒生产和消费的基础上，欧盟如今是世界上最大的葡萄酒经济发展区，其产量和消费量分别占世界产量和消费量的 70% 和 60%。作为一种食品，欧盟对于葡萄酒的管理依赖于其整个农业和食品的规制背景。简单来说，欧盟层面有关食品的立法，一是为了应对内部的粮食安全，并促进农业、农村地区的可持续发展，而这主要依托于共同农业政策；二是为了借助食品的自由流通来促进内部市场的发展。但是，在疯牛病危机过后，其食品立法从经济发展优先转到了消费者第一的价值取向，以此来突出消费者和公众的健康保护。在此背景下，欧盟针对葡萄酒的规制既要考虑种植地区的区域发展，也要考虑葡萄酒作为商品的市场流通及对消费者的保护。

相应的，作为共同农业政策的一部分，欧盟针对包括葡萄酒在内的农产品建立了共同市场制度，以便保障稳定的农产品供应。而就葡萄酒而言，存在的主要问题是消费型的葡萄酒生产过剩和高端葡萄酒的市场竞争激烈。因此，欧盟于 1970 年对葡萄酒进行了分类并实现差异化规制，包括对日常消费的葡萄酒进行市场调节，对高端葡萄酒则是任其自由竞争。而

---

① History，Denominacion de Origen Calficada，http：//us. riojawine. com/en/40 - corporation - doca - rioja. html（最后访问时间 2017 - 09 - 07）.

对过剩的控制，则是借助控制葡萄园的种植面积和蒸馏本国超量生产的葡萄酒来应对。[①] 在这个方面，随着欧盟一体化，针对葡萄酒行业的市场竞争和贸易冲突，1999 年欧盟理事会第 1493/1999 号有关葡萄酒共同市场组织的法规对葡萄酒产业进行了广泛规定，确立了统一的葡萄及葡萄酒市场制度框架，内容涉及大多数葡萄酒、葡萄制品及葡萄汁，地理标志保护是其主要组成部分。[②] 然而，面对新世界葡萄酒的崛起和欧盟自身产量和消费量的下降，欧盟替代第 1493/1999 号的第 479/2008 号关于葡萄酒共同市场组织的法规推动了 2008 年以来的葡萄酒规制改革，以引导葡萄酒行业向竞争性和可持续性的方向发展。这包括以下多个目标，一是从经济上增加共同体葡萄酒生产商的竞争力；二是法律上通过清晰、简单和有效规则的执行，创造一个有关葡萄酒的管理体制，并平衡供应和需求；三是文化上创设一个葡萄酒管理体制，尤其是保留共同体葡萄酒生产的最好传统；四是从社会方面加强农村地区的社会结构；五是在环境方面确保所有生产尊重环境。[③] 为此，欧盟委员会进一步制定了第 606/2009 号法规，以便为执行第 479/2008 号法规提供更为具体的规则。

当然，优质葡萄酒的发展和推广也受到欧盟层面的重视，只是这方面的立法在成员国的发展已久，因此，欧盟层面的主要努力便是协调这些法律。就欧盟立法而言，其主要是借助欧盟层面针对农产品的受保护原产地命名和受保护的地理标志制度。其中，早期的立法是欧洲理事会 1992 年颁布的第 2081/92 号关于保护农产品和食品地理标志以及原产地命名的法规。该法规确立了欧盟农产品和食品地理标志法律制度，内容涉及地理标志的定义、保护范围、取得程序、异议程序和权利内容等。2006 年 3 月，欧盟制定了更加高效并与 WTO 全面匹配的欧盟理事会第 510/2006 号关于保护农产品和食品地理标志以及原产地名称的法规，替代了 2081/92 号法规，并以此为基础开展对受保护的原产地名称和受保护的地理标志的注册。[④] 然而，葡萄酒和烈酒由特殊法律管理，受到更严格的保护，并没有包括在 1992 年和 2006 年的法规中。对葡萄酒和烈酒地理标志的额外保护由《与贸易有关的知识产权协定》协议提供，其第二十三条呼吁所有各成员国均应为利害关系人提供法律措施，以制止用地理标志去标示并非来源于该标志所指的地方的葡萄酒或白酒，即使同时标出了商品的真正来源地，即使该地理标志使用的是翻译文字，或即使伴有某某"种"、某某"型"、某某"式"、某某"类"，或相同的表达方式。因此，对非直接产自原产地的葡萄酒和烈酒，要禁止使用原产地的地理标志，不需要对地理名称使用的欺骗性进行调查，要给予葡萄酒和烈酒

① 安田真理：《EU "葡萄酒共同市场制度（OCM）"的由来及 2008 年改革》，载于《中国酿造》2012 年第 10 期，第 190 页。

② 赵小平，苗荣：《农业现代化视角的欧盟地理标志法律保护研究》，载于《山西大学学报》2011 年第 4 期，第 113 页。

③ 费迪南多·阿尔彼斯尼：《葡萄酒》，路易吉·柯斯塔托，费迪南多·阿尔彼斯编著：《欧盟食品法》，孙娟娟等译，知识产权出版社，2016 年，第 370 页。

④ 赵小平，苗荣：《农业现代化视角的欧盟地理标志法律保护研究》，载于《山西大学学报》2011 年第 4 期，第 113 页。

绝对的保护。① 不过，第 1151/2012 号法规改革了原产地和地理标志的保护制度，并将其扩展到了葡萄酒的管理上。

在上述背景下，结合欧盟针对葡萄酒共同市场的改革和有关农产品的受保护原产地名命名（PDO）和受保护地理标志（PGI）的制度安排，目前欧盟的葡萄酒主要分为具有 PDO 保护的葡萄酒和具有 PGI 保护的葡萄酒。近年来，已经有越来越多的欧洲葡萄酒制造商在标签上只采用欧盟有关葡萄酒的分类和等级标志。此外，值得一提的是，欧盟也对有机葡萄进行了立法（第 203/2012 号法规），而这并不仅仅只是指来源于有机葡萄的葡萄酒，而且其酿造过程也需要符合"有机"的标准，如不得使用山梨酸。当然，这并非欧盟首创，诸如美国、智利、澳大利亚等国家都对有机葡萄酒作出了规定，一个有机葡萄酒的市场也正在发展壮大中。

二、葡萄酒新世界的崛起和新旧世界的争议

在欧洲殖民扩张期间，因为欧洲人的到来而开始种植葡萄、酿造葡萄酒的地区和国家主要包括：一是在 16 世纪，由西班牙和葡萄牙的殖民者将葡萄带到了拉丁美洲；二是当欧洲的殖民者在 1619 年左右将葡萄种植带到了美国东海岸，随后由方济会的传教士于 18 世纪将其传播到了西海岸；三是当英国人在 1788 年将澳大利亚作为流放地后，将葡萄酒的酿酒技术传到了该地，后又于 1819 年传到了新西兰。②

（一）拉美国家

随着西班牙殖民者的到来，葡萄种植等农业技术也随之传到拉美地区。但是，各个地区的葡萄种植却因为时间和地域而有所差别。例如，在 17 世纪，秘鲁、智利和阿根廷中部地区都大量种植了葡萄。但是，在 18 世纪，秘鲁和巴拉圭的种植量都减少了，而智利在内战后成为主要的产地。随后，巴拉圭的农业发展以甘蔗、烟草、棉花等为主，秘鲁也以棉花为主。而在智利，葡萄种植已经成为第二经济支柱。到了 19 世纪，智利引入了法国的葡萄品种和技术，继而促进了该地葡萄酒的生产和质量。与此同时，巴西也开始种植葡萄。随着更多的欧洲移民迁往阿根廷，其库约地区的葡萄种植业快速发展。到 20 世纪，阿根廷的门多萨地区更是成为了拉丁美洲的葡萄栽种首都。③

---

① 费迪南多·阿尔彼斯尼：《葡萄酒》，路易吉·柯斯塔托，费迪南多·阿尔彼斯编著：《欧盟食品法》，孙娟娟等译，知识产权出版社，2016 年，第 304 页。

② Jeffrey A. Munsie, A brief history of the international regulation of wine production, Harvard Law School, 2002, https://dash. harvard. edu/bitstream/handle/1/8944668/Munsie. html? sequence = 2.

③ Pablo O. Canziani and Eduardo Agosta Scarel, South American viticulture, wine production and climate change, Equipo Interdisciplinario para el Estudio de Procesos Atmosféricos en el Cambio Global, p. 1.

对于拉丁美洲而言，其农产品行业有一个特色，即以出口为导向。[1] 尽管拉丁美洲的每个国家都几乎种植了葡萄，但是葡萄酒行业的发展还是以智利和阿根廷为主。[2] 其中，对于拉丁美洲最大的以及世界第5大的葡萄酒出口国智利而言，其便是通过品种的改良、质量的提升、国际的定位和市场的改革，并通过向美国和欧盟出口优质的葡萄酒进入了国际市场。虽然阿根廷的产量超过智利，但其主要用于国内消费，因此在出口方面并未超过智利。而巴西和乌拉圭也开始注重本地品种的开发和质量的保障并进入国际葡萄酒市场。尽管这些拉美国家作为葡萄酒新世界的地区，其立法并没有像其葡萄酒的来源国那样针对葡萄选种、种植和酿造制定严格的法律，只有一些确保葡萄酒品质的尝试。例如，在智利，1995年由联合协会制定了智利的第一部葡萄酒法规，对地理的命名和葡萄酒的标识作出规定。其中，该协会的成员包括农畜局、农业部和智利葡萄酒酿造业。根据这一法规，葡萄酒的标签中涉及某一地方的名称时，如某一地区或者原产地命名，该产品中75%的葡萄酒应当来自这一宣称的地方；当标签内容涉及某一葡萄品种时，这一葡萄酒应当至少75%以上的是这一葡萄种类。同样的，阿根廷的立法也试图通过对数量的规范来确保葡萄酒的识别度，例如，当某一葡萄酒在其标签上说明葡萄品种时，其至少使用80%以上的这一品种。[3]

（二）美国

在殖民地时期，西班牙的传教士最早于18世纪将葡萄种植引入到了美国西海岸的加州地区，以便酿造葡萄酒用于弥撒。随着19世纪的淘金热以及加州移民数量的增加，该地区的葡萄酒产业获得了发展的机会。然而，美国于1920年颁发的禁酒令限制了当地葡萄酒产业的发展，如一些葡萄酒酿造厂转行生产专门用于宗教仪式的葡萄酒或者葡萄汁，而多数则不得不关闭。直到1933年该禁令取消后，当地的葡萄酒行业才得以恢复，并借助现代技术在20世纪60年代和70年代获得再次发展。其中，1976年在法国举办的盲品会，让加州的葡萄酒横扫了红葡萄酒和白葡萄酒的两个奖项，并因此成名。至此，加州也成为了世界上重要的葡萄酒产地。

（三）澳大利亚

与欧洲人一起，葡萄栽种和葡萄酒的酿造技术被一并传到了澳大利亚，并慢慢遍及新南威尔士、塔斯马尼亚、西澳洲、维多利亚州、南澳州等地。这一大陆广袤的地域和多样的气候使得各种葡萄的栽种成为可能，进而丰富了葡萄酒的品种，包括各类红、白葡萄酒，以及加强葡萄酒和甜葡萄酒等。而早在19世纪初，产自澳大利亚的葡萄酒便被出口到了英国，

[1] Luis Gonzalez Vaque, Hugo A. Munoz Urena, Trends in food legislation in Latin America, in, Luigi Costatao, Ferdinando Albisinni (eds), European and global food law, Second edition, Wolters Kluwer, pp. 107 - 130.

[2] Pablo O. Canziani and Eduardo Agosta Scarel, South American viticulture, wine production and climate change, Equipo Interdisciplinario para el Estudio de Procesos Atmosféricos en el Cambio Global, pp. 1 - 2.

[3] Wine regulation: new world countries, winegeeks, available at: http://www.winegeeks.com/articles/107（最后访问时间 2017 - 09 - 07）.

并获得赞誉。随着 19 世纪淘金热的到来和殖民地时期的土地立法，葡萄在澳大利亚的种植面积快速扩张，且出口量也随之增加。尽管第一次世界大战后，澳大利亚自身因为联邦制度的建立和内部市场的自由流通而畅通了国内葡萄酒的销售。但战后的低价、低质葡萄酒降低了澳大利亚葡萄酒的经济价值和竞争力。直到 1925 年，英国对澳大利亚出口的葡萄酒给予了优惠的关税，才再次刺激这一行业的发展。第二次世界大战期间，出口因为船运受限而受到冲击，但战后澳大利亚的葡萄酒行业获得了快速发展，一个主要原因是战后来自欧洲的移民带来了新的种植和酿酒技术，这不仅促进澳大利亚葡萄酒的生产，同时也带动了葡萄酒的消费。

澳大利亚葡萄酒行业的崛起除了欧洲人的传承和贡献，也与其自身对于这一产业[①]的重视，并通过立法、教育、研究等促进这一行业的发展有关。其中，就立法而言，澳大利亚的葡萄酒行业需要符合很多法规，其中特定的包括了 1980 年的《澳大利亚葡萄和葡萄酒协会法案》及其 1981 年的规章，以及 2013 年的《澳大利亚葡萄和葡萄酒机构法案》。

根据前者的规定，澳大利亚于 1981 年成立了法定机构——澳大利亚葡萄和白兰地协会，其职责在于处理葡萄酒的国际销售、葡萄酒的标识真实性和葡萄酒的生产操作和合规性。为此，其工作包括促进和控制澳大利亚的葡萄及其制品出口，确保澳大利亚符合国际法所规定的义务要求等。在这一背景下，2009 年进行的修订一方面是为了落实 2008 年与欧盟签订的《澳大利亚和欧共体葡萄酒协议》，其目的是确保在澳大利亚使用欧洲有关葡萄酒的地理标志以及互认，而这也有利于澳大利亚葡萄酒的出口；另一方面，该法律的修订是为了进一步促进落实于 1989 年的标识真实性项目，其是澳大利亚葡萄酒酿造者针对葡萄品种、酿造、地理标志等进行声明的依据，并通过记录、审计确保其真实性。[②]

根据 2013 年的《澳大利亚葡萄和葡萄酒机构法案》，成立于 2014 年的澳大利亚葡萄和葡萄酒局替代了上述的澳大利亚葡萄和白兰地协会。[③] 作为联邦层面的单一协调机构，其意义在于支持澳大利亚葡萄酒行业的发展。其职能包括：一是投资和评估针对葡萄和葡萄酒的研究和发展；二是促进葡萄和葡萄酒研究和发展的商业化并促进这些产品的消费和销售；三是控制澳大利亚的葡萄制品出口，包括符合食品标准法典的要求。就最后一项而言，澳大利亚的葡萄酒出口者都需要获得许可，且执行上述的标识真实性项目，以防止欺骗和误导的标识，实现合规性。在此值得一提的是，由于食品标准法典是澳大利亚和新西兰政府签署的一

---

① 李甲贵、贾金荣：《澳大利亚葡萄酒产业发展政策与启示》，载于《农业经济问题》2010 年第 6 期，第 106 - 109 页。

② Peter Hicks, Juli Tomaras, Australian wine and brandy corporation amendment bill 2009, August 2009, no. 21, 2009 - 10, ISSN 1328 - 8091.

③ 继 1981 年成立的"澳大利亚葡萄酒与白兰地协会"（AWBC）在 2011 年更名为"澳大利亚葡萄酒管理局"（Wine Australia）之后，从 2014 年 7 月 1 日起，"澳大利亚葡萄酒管理局"又和"葡萄与葡萄酒研发委员会"（GWRDC）合并为"澳大利亚葡萄与葡萄酒局"（Australian Grape and Wine Authority, 简称 AGWA）。参见：庄晨：《澳大利亚葡萄酒行业走到十字路口?》，中国新闻网，2014 年 7 月 8 日。

份协议，意在建立一个共同的食品标准体系，其内容包括食品的组成、化学物质、生物因素、标识、食品安全以及其他相关的标准。[1] 鉴于此，澳新葡萄酒规制的一个特点就是突出食品安全的保障。[2]

（四）南非

葡萄酒在埃及和北非地区的历史悠久。但是，对于位于非洲南端的国家——南非而言，其却是新兴产酒国中的一员，且已成为世界有名的葡萄产区和一流葡萄酒产地。回顾历史，来自荷兰的殖民者在南非引入了葡萄种植和葡萄酒的酿造时，当时的葡萄酒尽管受到在此中转的海员们的喜欢，但其品质并不高。直到法国胡格诺派的到来，有关葡萄种植和葡萄酒酿造的大量知识才真正被传到开普敦。由于适宜的气候，南非的葡萄酒日渐成型，并于1761年开始向欧洲出口。遗憾的是，在葡萄根瘤蚜灾害期间，南非的葡萄种植也没有幸免于难。随后，一方面，一些当地人开始转种其他的农作物；另一方面，在标准和管理缺失的背景下，葡萄的过量产出和葡萄酒低质也成为一个普遍的问题。加之当地的地理位置和种族政策，南非的葡萄酒并没有引起世界的关注。[3]

直到1973年，南非制定了自己的葡萄酒产地立法和分级系统，以使其葡萄酒行业的管理可以和欧盟等出口国的规制相协调。尽管很多国家的分级体系都以法国的模式为基础，但是南非的这一体系更侧重质量和标识。随着政府的支持力度和规制，南非的葡萄酒开始赢得国际声誉。换而言之，政府有关葡萄酒行业的规制以及对科学和创新、土地和水资源、税收、劳动关系、财政安排、出口和贸易等方面的支持性政策促进了南非葡萄酒行业的竞争力。[4]

（五）葡萄酒旧世界和新世界之争

在欧洲看来，葡萄酒的重要性并不仅仅在于它的商业价值，而是与一个地区的自然和人文因素相关联，并由此实现了葡萄酒基于地域和当地风土的增值。但是，伴随欧洲殖民扩张而从欧洲传到美洲、澳洲、非洲的葡萄种植和葡萄酒酿造却打破了这一传统的定位及其规制，并由此引发了新世界和旧世界的分类和优劣争议。

事实上，新旧世界的差异主要在于立法管理的不同。对于旧世界而言，其并不仅仅只是从时间来定位这些源自于诸如意大利、法国等有着悠久历史的葡萄酒，更重要的是这些国家

① Joe Lederman，《澳大利亚食品安全监管》，孙娟娟译，杜钢建主编，《食物权与食品安全法》，汕头大学出版社2011年，第182页。

② Vashti Christina Galpin, A comparison of legislation about wine – making additives and processes, assignment submitted in partial requirement for the Cape Wine Master Diploma, 2006, p. 1.

③ John E. Poplin, Wines of the rainbow nation: the rocky history of south African wine, October 2016, available at: https://learn. winecoolerdirect. com/south – african – wine/（最后访问时间 2017 – 09 – 22）。

④ Johan van Rooyen, Dirk esterhuizen, Lindie Stroebel, Analyzing the competitive performance of the South African wine industry, International Food and Agribusiness Management Review, Volume 14, Issue 4, 2011, p. 194.

对于种植和酿酒有着严格的立法限制，以保障葡萄酒的质量。例如，如何选择葡萄品种、如何进行酿酒以及酒精浓度的控制等。相反，尽管新世界的诸多国家都曾是殖民地，其发展也是依托于旧世界那些国家的种植和酿造技术。但是，这些国家并没有针对葡萄酒的质量采用一样严厉的规制立法，进而有更多的自由来探索不同的葡萄种类和酿酒方法。

此外，对于新旧世界之间的差异，也有以下几个客观因素。第一，旧世界和新世界之间的气候差异对葡萄的种植和葡萄酒的酿造产生了影响，进而形成了各自的风味。例如，新世界的气候相对炎热，进而可以收获更为成熟的葡萄。相应的，其葡萄酒更具有果香味而不是矿物香气。第二，不同于旧世界对于传统的注重，新世界更依赖技术的创新来开发葡萄酒市场，包括借助工业化的规模生产来提高葡萄酒的产量。在这个方面，旧世界依旧保留着小酒庄的生产和经营模式。

三、国际协调与国际葡萄与葡萄酒组织

对于葡萄酒而言，本地化曾是欧洲葡萄酒极度强调的特点，并借助原产地命名和地理标志等方式加以保护，进而形成了重视原产地的以欧洲国家为代表的传统规制模式。但是，随着葡萄酒贸易的全球化以及源于美洲国家、澳洲国家的葡萄酒发展，这些后起之秀有望与传统产国并驾齐驱抑或赶超后者。对此，其不再仅仅只是模仿主流的葡萄酒风格，而是借助技术创新来构建自己的独特风格。这一趋势不仅显现在新世界的葡萄酒产国，同时在欧洲具有古老产区的西班牙、意大利，也开始出现新的产区。在葡萄酒版图不断扩张且呈现"全球本地化"的背景下，[1] 葡萄酒制度的调整以及重塑也相应地成为了全球性的议题。其中长期存在的葡萄酒传统规制备受质疑。对于一个日渐开放的国际葡萄酒市场而言，进入葡萄酒竞争舞台的生产商、消费者等新的参与者并不熟悉传统的规制，进而影响了原产地对于葡萄酒规制的意义。而这些新来的市场参与者也有着自己的诉求和建议。因此，不同的利益诉求和推陈出新的制度正在重塑葡萄酒市场结构。[2]

在葡萄酒的全球发展和国际协调中，国际葡萄与葡萄酒组织通过对葡萄种植及其制品的定义和特点制定标准，促进各国的规制，以便实现公平贸易和全球市场上不同葡萄制品的真实性和可持续性发展。就国际葡萄与葡萄酒组织[3]的创建和定位而言，其是2001年4月3日协定创办的政府间组织，前身是法国、西班牙、希腊、匈牙利、意大利、卢森堡、葡萄牙和突尼斯于1924年11月29日在巴黎成立的一个政府间组织，原名为国际葡萄酒办事处，1958年9月4日更名为国际葡萄与葡萄酒组织，是一个从事葡萄栽培、葡萄酿造、葡萄制

① 林裕森：《葡萄酒全书》，中信出版社，2010年，第111页。
② 费迪南多·阿尔彼斯尼：《葡萄酒》，路易吉·柯斯塔托，费迪南多·阿尔彼斯尼编著：《欧盟食品法》，孙娟娟等译，知识产权出版社，2016年，第363-364页。
③ 李景：《国际葡萄与葡萄酒组织OIV》，载于《中国标准化》2016年第14期，第205-212页。

品生产的科学和技术活动的国际组织。该组织是国际葡萄酒业的权威机构，在业内被称为"国际标准提供商"，是 ISO 确认并公布的国际组织之一，OIV 标准亦是世界贸易组织（WTO）在葡萄酒方面采用的标准。

就葡萄酒的国际标准而言，国际葡萄与葡萄酒组织的贡献便是协调和定义新的国际标准，以便提高葡萄种植及其制品的生产和销售。其制定的标准和技术文件包括：一是主要的组织决议，其是在成员国全体大会期间一致性通过的官方文件；二是有关葡萄种植和其产品关联的标识、葡萄酒酿造实务和具体要求的定义；三是由该组织的专家组负责制定的集体专家报告；四是有关分析方法和质量保障的文件；五是一些有关葡萄园面积、产量、贸易和消费数据的统计分析报告。其中，《国际葡萄酿酒法规》是一部技术和法务参考文件，其目的是为了协调来源于葡萄种植的产品标准，并可作为国家乃至国际规制葡萄酿酒的依据。因此，该规定的内容主要是国际各类葡萄酒标准，各种工艺的定义、目的、规定和来自该组织的建议。此外，大量共识性的有关葡萄酒的分析方法也有助于葡萄酒的国际贸易发展，包括解决贸易争端。对于日渐高涨的葡萄酒消费欺诈，这些分析方法也可以用于防控葡萄酒的成分和信息欺诈，进而通过产品真实性的保障来保护消费者的权益。

四、葡萄酒与宗教

在有关葡萄酒立法的历史发展和演变中，值得补充的一个重要内容是宗教在葡萄酒传承和规制中的作用。事实上，自葡萄酒诞生，便常被作为祭神的用品，进而被赋予了浓厚的宗教意义。在古埃及、古希腊和古罗马的文化中，酒神都是一个重要的存在。古埃及的奥西里斯被视为文明的赐予者、农业和植物之神，他教会埃及人压榨葡萄汁等；古希腊的狄奥尼索斯教导人们种植和酿造葡萄酒，以及类似奥尼索斯的古罗马酒神巴克斯。一些宗教兴起后也继承了对葡萄酒的膜拜传统。例如，犹太教和基督教。

葡萄酒与犹太教的结合已有 5000 多年的历史，其被视为庆典中的重要组成。在他们看来，葡萄酒是一种"酒桌文化"，不仅表明了源于农业的物质财富，也是文化和精神的连接。因此，葡萄酒是一种重要的精神饮品。然而，由于犹太教对于食物有严格的要求，葡萄酒也需要符合相应的对原料和生产的要求，包括：（1）刚种下的葡萄必须在栽种 4 年后才可用于酿酒；（2）葡萄园中不允许有其他水果和蔬菜的种植；（3）葡萄园每隔 7 年需要休耕，所有与土地有关的农业活动需停止；（4）酿酒时必须使用经洁食（Kosher）认证的工具和设施，所有设备需清洗干净；（5）任何人都可以采摘葡萄，但葡萄一旦进入酒厂后，就不允许非犹太信仰的人接触到葡萄酒；（6）为了保证葡萄酒的纯净，任何与动物或乳制品有关的产品都禁止与酒接触，比如酪蛋白、明胶等；（7）任何人都可以参与到葡萄酒装瓶过程中，但未封口的葡萄酒不得被非犹太信仰的人触碰，否则需要将葡萄酒进行蒸煮。虽然会影响酒的口感，但只有这样才能保证酒的"洁净"。目前，以色列生产的葡萄酒便是按照上述要求生产的获得"洁食"认证的葡萄酒。①

对于基督教而言，葡萄酒与其的关联不仅在于宗教对于葡萄酒的膜拜，还将其作为弥撒用酒，并用其招待贵宾。而且，需要指出的是，尽管在罗马帝国覆灭后，葡萄种植曾一蹶不振，但基督教的发展以及将葡萄酒作为圣礼的一部分促成了葡萄酒的复兴。概括来说，为了保持葡萄酒在传教中的作用，僧侣们保持了一些葡萄种植和酿酒的必要技术，并随着基督教的发展以及修道院在各地分布而传承开来。例如，美国加州海岸葡萄园地带的雏形便是传道团所建的葡萄园，换而言之，加州葡萄酒的起源与基督教传教士把欧洲文化以及葡萄酒带来有关。② 此外，更为重要的是，僧侣们针对葡萄种植、酿酒的制度管理进一步演变为一些葡萄酒制度。在这个方面，一个名叫伯纳德的修道士及其西多会在勃艮第建立的葡萄种植制度，如强调土质对于葡萄的影响，并根据不同的"风土"将葡萄园圈起来以便与周边相分离等，奠定了后来勃艮第葡萄酒分级制度的基础。③

第二节 葡萄酒法律的重要制度及其规制意义

借助纵向的历史回顾和横向的地域比较，尽管往往是危机使然，政府才意识到葡萄酒的发展离不开制度支持，但是，"事后应急"的立法及制度的安排已使得新旧世界的葡萄酒产区巩固了自己的葡萄酒产业，并借此获得了国际声誉以及日益扩大的国际市场。就有助于葡萄酒发展的制度建设及其规制意义而言，可以有以下几个方面的概括。

一、产地制度

以法国为例，其葡萄酒历史表明，针对葡萄酒的原产地标识可以有以下几个方面的意义。其一，构建以产地监控为基础建立的反欺诈系统。④ 对于法国而言，反欺诈一直是政府干预葡萄酒管理的重要原因，而这一问题不仅关涉商业利益，也与消费者和公众的健康及其他利益相关。其中，掺假和仿冒是两类不同的欺诈。前者比较难以定义，因为何为掺假会随着时间的推移而改变观点。例如在葡萄发酵前加入糖以提高酒精含量的工艺在 19 世纪是普遍且政府推荐的方法。但是到了 19 世纪晚期，不加糖的葡萄酒制造商认为加糖是一种掺假。

---

① 宗教信仰的国度：犹太教是怎样酿酒的？载凤凰酒业网，http://jiu.ifeng.com/a/20170525/44625736_0.shtml 2017 年 5 月。

② 《加州酿酒业的历史（一）》，载于《中国酒》2000 年第 5 期，第 68 页。

③ 《影响勃艮第葡萄酒历史的几大关键人物》，载于《红酒世界网》，2015 年 6 月，http://www.wine-world.com/culture/rw/20150612103047966.

④ 奥兹·克拉克：《葡萄酒史八千年》，李文良译，中国画报出版社，2015 年，第 10 页。

而就仿冒而言，主要的问题是标识误导，即以此充彼或者以次充好，目标都是为了仿冒优质葡萄酒来获得商业利益。这包括了混合不同葡萄种类或者不同地区的葡萄种类来获得某一优质葡萄酒的口感。也因为如此，有关原产地命名控制的立法对葡萄品种和地区作出了严格的限制。① 其二，其可以作为一种质量的体现，进而实现农产品的增值发展及其国际竞争力。其三，则是借此强化一个地区乃至一个国家的识别度。

事实上，作为一个地理名称，原产地对于产品有诸多不同的意义，例如，一是其可以表明产品来源且无关其特性的产地概念。在此，原产地在在国际贸易中专指进出口货物的生产国或地区，其意义在于执行国别之间差别关税、有效实施不同贸易措施，例如实施进出口配额、反倾销、反补贴、保障措施、政府采购以及贸易统计等方面的需要。② 对此，根据2005年《进出口货物原产地条例》规定，货物原产地是指确定获得某一货物的国家（地区），所谓的获得是指捕捉、捕捞、搜集、收获、采掘、加工或者生产等。在此基础上，证明货物生产或制造国（地区）的证明文件称为原产地证书，其由出口国（地区）的专门机构根据出口商的申请出具。相应的，原产地规则是一国（地区）以立法形式制定的确定货物原产地的标准和方法的总称。二是既表示产品的来源地，同时也与产品质量和安全的证明相关，而这与消费者通过自身的消费反映其对文化传承、当地经济的关注和关怀。三是作为最新的发展，有关肉类产品的原产国立法则是从食品安全的视角，强调这些动物源性食品来源地所能给予的安全保障。

比较而言，有关葡萄酒的产地制度建设主要是第二种作为受保护的原产地。原产地命名系指一个国家、地区或地方的地理名称，用于指示一项产品来源于该地，其质量或特征完全或主要取决于地理环境，包括自然因素和人为因素。③ 从本质上来说，原产地名称是一种质量证书，表示了该产品特定质量和特点与其所在的地理有所关联，包括诸如气候、土质、水源、物种等自然因素和加工工艺、生产技术、传统配方等人为因素。④ 就其范围来说，只要求其实际存在而没有加以限制，例如，其可以是一个国家，如法国葡萄酒，也可以是一个特定的地区，如波尔多葡萄酒或者勃艮第葡萄酒。因此，当一个地区的地理标志通过申请获得许可时，其所体现的是这个区域内所有生产者共同拥有的一种基于荣誉的集体权利，也就是说，产地内的所有企业和个人只要其产品符合原产地产品的标准就可以使用该原产地命名。⑤

① Rod Phillips, French wine: a history, University of California Press, 2016, p. 5.
② 钟昌元：《浅析原产地标记和地理标志及其相关概念》，《科技情报开发与经济》2009年25期，第123页。
③ 《保护原产地名称及其国际注册里斯本协定》，1958年，第2条。其中，原属国系指其名称构成原产地名称而赋予产品以声誉的国际啊或者地区或地方所在的国家。
④ 李永明：《论原产地名称的法律保护》，《中国法学》1994年第3期，第65页。
⑤ 李永明：《论原产地名称的法律保护》，《中国法学》1994年第3期，第65页。

二、评级制度

就葡萄酒的立法而言，打击食品欺诈是一个重要的原因。例如，法国 1889 年的 Griffe 法律明确规定："没有人可以加快生产、销售葡萄酒或者以葡萄酒的名义销售实质上并非来自新鲜葡萄的发酵衍生品。"除此之外，其也明确了可以被接受的葡萄酒酿造和添加剂，如用于加糖工艺的糖和澄清剂等。尽管在自由经济时代国家的干预度有限，且目的也是为了保障商业利益，但是，随着食品欺诈问题的增多以及化学物质滥用导致的危害性增加，国家对于包括葡萄酒在内的食品规制也开始突出公众健康保护这一目的。鉴于保障食品安全的制度建设可以从物质、过程和信息 3 个方面入手，[1] 因此，在结合有关葡萄酒的规制历史、地区差异及相关制度安排的基础上，本章将进一步介绍有关确保葡萄酒安全性的制度安排。

从物质的角度来说，葡萄酒以葡萄为原料，主要成分是酒精和水分，此外还有糖、甘油、酸、单宁、色素以及脂类、芳香物质、矿物质、维生素、二氧化碳等其他物质。除了通过原产地、分级等制度防止葡萄酒的欺诈和品质控制外，食品安全也是对葡萄种植和葡萄酒酿造进行管理的目标所在，尤其是随着食品安全事故的激增和对食品安全重视程度的与日俱增。例如，在 1985 年奥地利曝出的"防冻剂丑闻"事件中，一些酒商在桶装葡萄酒中添加了有害健康的二甘醇，用以防冻、增加葡萄酒的甜度。而鉴于消费者的恐慌和国产葡萄酒声誉的受损，奥地利也出台了严格的葡萄酒立法，以便恢复其葡萄酒的国际声誉。[2] 也因为如此，在强化食品安全立法的背景下，葡萄酒相关的食品安全要求也在各类相关的安全规则中被提及。这些规则包括有关农业投入品使用、残留的要求；有关微生物，尤其是致病菌的污染控制要求，以及添加剂的使用和规范要求。

（1）农业投入品和残留控制

葡萄栽培是葡萄酒供应链的源头所在。对于这一初级生产环节而言，农业环境的安全和病虫害的防治都与植物本身的健康相关，并因其食源性原料的作用而关联到终产品——葡萄酒的安全性。相应的，环境中的重金属污染以及农药的滥用和残留都可能导致葡萄酒的食品安全风险，进而危及消费者的健康。有鉴于此，一是葡萄酒的产地制度往往对环境有特殊的要求，尤其是有机葡萄酒的产地环境要求；二是农业投入品的使用及其残留控制也是确保葡萄酒源头安全的关键所在；三是诸如葡萄酒中可能存在的诸如重金属，无论是由于环境抑或农业作业中的肥料使用所致，还是诸如容器等食品接触材料迁移所致，针对食品中污染物的限量要求也可以适用于葡萄酒。

---

① 孙娟娟：《食品安全比较研究——从美、欧、中的食品安全规制到全球协调》，华东理工大学出版社，2017 年，第 78 页。

② 《葡萄酒复兴之国：奥地利主要葡萄品种》，载于《走向世界》2014 年第 30 期，第 98 页。

就葡萄种植而言，高温多雨的气候是葡萄病害多发的一个原因，而这些病虫害对葡萄的品质、保鲜和贮藏都会造成严重的影响。为此，需要借助杀菌剂、杀虫剂、除草剂等农药来防止病虫害。尽管葡萄酒在酿造过程中会因为酵母菌、酒精的作用以及酸化、澄清等工艺作用而降解，但农药的使用及其残留也会有以下安全隐患。第一，一些容易残留的农药在滥用、喷施技术落后等情形下会造成残留超标，且可能转换为毒性更强、对人体及环境危害更大的化学物质；第二，葡萄在生长过程中也可能吸收来自被农药污染的大气、水体及土壤中的有害化学物质；第三，当葡萄酒带皮发酵时，整个过程不会对原料进行清洗或者进行其他去除残留农药的工序，因此，残留在葡萄中的农药最终可能会留在成品葡萄酒中，且葡萄酒属非蒸馏酒，农药更容易随酒步入柜台。①

（2）微生物及有害菌的控制

从葡萄到葡萄酒的转变，关键的一点便是微生物的作用，将新鲜葡萄浆果或葡萄汁发酵成酒精。在这个过程中，一方面，针对有益的酵母菌，通过选择好的酵母菌及菌种可以改进葡萄酒的酿造，提升其品质；另一方面，尽管葡萄酒的酿造离不开微生物的作用，但是残留的微生物会影响葡萄酒的品质，需要加以抑制或者去除，以防止葡萄酒的败坏。② 此外，也需要防止有害菌的危害。有鉴于此，可以采取相应的治疗措施，并针对原料、发酵、贮存、灌装、瓶贮等几个环节加以控制。③ 就微生物的污染和残留控制而言，一是可以借助诸如加热杀菌等方式杀菌。例如，"巴士杀菌法"的由来便是被称为"现代微生物学者"的法国著名化学家路易·巴斯德在解决葡萄酒异常发酵问题时，发现加热可以杀死有害微生物；二是通过设定诸如微生物指标和限量来确保葡萄酒的品质，如针对沙门氏菌的限量要求；三是通过过程中的卫生管理，防控微生物的污染。

（3）食品添加剂的使用和控制

对于具有贸易价值的葡萄酒而言，早期的海运及其远途运输使得葡萄酒在颠簸以及温度不可控的情况下容易发生氧化甚至变酸。为此，生产强化葡萄酒可以延缓葡萄酒因氧化而导致的品质变差，从而使之保持高价。其中，所谓的强化就是在葡萄酒中加入酒精。如果在发酵前加入酒精，便可以杀死酵母，且参与的糖分可以提高葡萄酒的甜度。此外，对于酒桶，在其使用前，可以借助硫磺杀死木桶中的真菌和细菌。④ 食品添加剂的使用和控制也是确保葡萄酒品质和安全的重要考量内容，且使用历史久远。而且，随着现代化工的发展和平价葡萄酒消费需求的日益增长，葡萄酒生产日趋工业化，相应的，葡萄酒添加剂的使用也愈加流

① 王亚钦等：《设立葡萄酒农残限量的必要性和可行性分析》，载于《中外葡萄与葡萄酒》2011 年第 3 期，第 77 页。

② 翁鸿珍，成宇峰：《葡萄酒微生物病害》，载于《酿酒科技》2011 年第 8 期，第 132 页。

③ 杨潞芳、郭红珍：《葡萄酒酿造中的微生物及现代科学技术的应用和展望》，载于《山西食品工业》2003 年第 1 期，第 27 页。

④ Stefan K. Estreicher, A brief history of wine in Spain, European Review, 21（02），2013, p. 221.

行，如抗氧化剂、单宁、酸度调节剂、澄清剂、稳定剂等。[1]

因此，各国有关葡萄酒的规制也会允许在葡萄酒的酿造中使用一些添加剂，以便实现相应的功能。然而，在葡萄酒的酿造中，尽管基于技术的目的，需要使用添加剂，但其一直是备受争议的话题，即使用添加剂是为了改善葡萄酒还是为了欺诈。在此，"最少添加原则"认为对于葡萄酒的人为干预越少越好，否则，会影响由于"风土"所赋予的葡萄酒特色。[2]事实上，当这些必要的添加剂使用符合对于使用范围、使用剂量的要求时，葡萄酒行业中的食品欺诈便越演越烈，如使用香精、色素等商品添加剂勾兑，严重时会使用有毒有害的物质来防止葡萄酒的腐败或者改善其品质。结合目前食品规制领域内的食品安全导向和利益驱动型的食品欺诈导向，食品添加剂的滥用也可以分为两种，一种是添加了有害公众健康的物质，进而构成食品安全问题，如用铅来提高葡萄酒的防腐性；另一种则是无害公众健康的添加物质，但也违反了法律对于物质使用范围和剂量的要求，如葡萄酒中掺水或者酒精就是显著的例子。这方面的问题有赖于检测手段的发展，以便可以发现违法添加的物质。

最后需要指出的是，什么物质可以或不可以合法添加到葡萄酒中，既有各国立法规定的差异性，也有因为健康认识变迁和技术发展所导致的从禁止到解禁抑或从许可到禁止的变化。以葡萄酒酿造过程中的"加糖"而言，该技术的发明是为了使葡萄酒的酒精度达到预期，因此在发酵前加入适量糖分，也可以提高葡萄酒的甜度。但是，这一技术的应用不仅降低了酿造的成本，也影响了葡萄酒的品质，因此，法国通过对剂量的立法限制来规范这一"加糖"技术。而意大利、西班牙等地区则不允许加糖。[3]

（4）酒精

酒精对于葡萄酒的重要性在于，一是与葡萄酒的身份识别有关，即葡萄酒之所以为葡萄酒便是因为其原料和酒精的含量。根据国际葡萄与葡萄酒组织规定的定义，葡萄酒专指破碎或不破碎的鲜葡萄或葡萄汁，经过部分或全部酒精发酵而产生的饮料。其实际酒精含量不得低于容量的8.5%。然而，某些地区的专门立法考虑到气候、土壤、葡萄品种、专门质量因素，或某些葡萄园固有传统等条件，最低酒精度可以降到容量的5%；二是葡萄酒的安全性与酒精有关，其可以杀死有害的微生物。例如，当酒精浓度大于7%时，非酿酒酵母的生长便会受到抑制。[4]

---

① Laura Burgesss，《揭开葡萄酒添加剂的神秘面纱》，载于《红酒世界网》http://www.wine-world.com/culture/zt/20150807102857643（最后访问时间2017-09-26）。

② Vashti Christina Galpin, A comparison of legislation about wine-making additives and processes, assignment submitted in partial requirement for the Cape Wine Master Diploma, 2006, pp. 15-16.

③ Peggy，《"加糖"是什么意思》，载于《红酒世界网》http://www.wine-world.com/culture/zt/20170504091853419（最后访问时间2017-09-26）。

④ 孙炜宁等：《葡萄酒酿造过程中微生物多样性的研究现状》，载于《食品研究与开发》，2014年第35卷第18期，第367页。

三、过程

就过程而言，两个主要的环节分别是葡萄的栽种和葡萄酒的酿造。其中，葡萄栽种除涉及农药使用及病虫防治，还涉及修剪、施肥以及通风、透光和排水条件等重要内容，因此需要适宜的田间管理技术以保障葡萄种植的高产和高质。[①] 而对于葡萄酒酿造，后者其过程是从葡萄收集，葡萄破碎成汁，葡萄酒一次、二次发酵直到包装、贮藏整个酿造过程中多种微生物的代谢过程。[②] 其中，一种最简单的葡萄酒酿造便是任其产生，因为当野生的葡萄熟透落地后，只要葡萄汁和葡萄皮接触，附着在葡萄皮上的天然酵母，就会自动将葡萄汁中的糖分发酵成为葡萄酒。[③] 但在这一过程中，微生物的作用是双向的。除了实现葡萄到葡萄酒的转换，如果没有有效控制微生物，不仅会影响葡萄酒的品质，也容易造成葡萄酒的败坏。对此，不仅需要适宜的工艺条件，而且也要保持过程中的良好卫生条件。例如，为了防止微生物的污染，应当建立良好的通风换气和照明系统，具有良好的防虫、蝇，防尘，防水措施。

事实上，对于食品安全的要求，作为第一责任人，生产经营者应当借助危害分析和关键控制点（HACCP）等管理体系来实现过程管理，预防和控制微生物污染。具体到葡萄酒生产领域，可以借助 HACCP 体系来提高葡萄酒的安全控制，如对葡萄酒的生产控制过程和所用设施有关的物理、化学、生物危害进行识别，制定出相应的控制措施和纠偏措施，指导葡萄酒的安全生产。[④]

四、信息

作为食品的一类，葡萄酒也是一种信任品，即其与质量相关的特点即便在消费后也无法作出判断。鉴于此，消费者需要借助生产经营者所提供的信息来选择安全、优质和符合自身偏好的葡萄酒。在这方面，有关葡萄酒标识的国际标准[⑤]明确了应当借助标识等方式提供信息范围。其中，一类为针对预包装葡萄酒的强制性信息，内容包括葡萄酒的定义使用葡萄酒这一名称，有关原产地和评级的诸如地理标志和原产地命名等，酒精度数，添加剂的使用情况，体积，原产国，预包装责任人的姓名和地址，批次等。另一类则是选择性的标识信息，内容可以包括商标，一些关联的如选酒商、零售商等从业者信息，诸如城堡、庄园等葡萄栽种园的相关信息，有关葡萄含量至少在 75% 以上且与葡萄酒特点相关联的葡萄种类名称、年份，诸如甜酒、干红之类的分类信息，获奖情况等。就这些内容而言，一是关于葡萄酒的

① 葛赞华：《葡萄病虫害防治与田间管理技术》，载于《农业研究》2015 年 8 月，第 72 页。

② 孙炜宁等：《葡萄酒酿造过程中微生物多样性的研究现状》，载于《食品研究与开发》，2014 年第 35 卷第 18 期，第 365 页。

③ 林裕森：《葡萄酒全书》，中信出版社，2010 年，第 2 页。

④ 张燕等：《对葡萄酒质量安全的探讨》，载于《酿酒科技》2010 年第 7 期，第 101 页。

⑤ OIV：International standard for the labeling of wines, edition 2015.

身份识别信息，以便告知消费者其选购的是葡萄酒而不是其他葡萄制品，如原产国、葡萄种类等信息；二是有关葡萄酒安全的信息，如依法使用的添加剂，包装人员的名称和地址信息等，以便发生食品安全问题时可以及时追溯问题的源头，控制危害的扩大化；三是关于葡萄酒质量的信息，最为熟知的便是葡萄酒的产地和分级信息。

比较而言，各国对于本国原产以及进口葡萄酒的标识立法都会在应当标注的信息或不应当标注的信息方面存在差异。通常而言，生产者信息、原产国信息、葡萄种类、体积、酒精度数等都是常见的标注于葡萄酒包装上的信息。有趣的是，对于葡萄酒而言，很多法定信息都具有商业性的价值，因而有利于葡萄酒的营销和推广。尽管一些术语和概念的协调有助于葡萄酒贸易的全球化以及防止误导和欺骗消费者，但诸如"老年份酒"这样的宣传并没有法律层面的定义，因为这和使用的传统和消费者的认知极为相关，往往由市场主导其消费。而随着对葡萄酒中过敏性物质的标注要求以及有机葡萄酒的发展，有关葡萄酒标识的内容也日渐丰富，但基本的原则是，包括葡萄酒在内的食品信息应当真实，不得误导消费者，这也是目前食品立法的重点内容，即不仅保护消费者的健康，也保护消费者的经济利益和知情选择权。